浙江生物多样性保护研究系列

浙江天目山蝴蝶图鉴

李泽建　赵明水　刘萌萌　等著

生态环境部生物多样性保护专项－全国蝴蝶多样性观测网络
（China BON-Butterflies）
丽水市高层次人才培养资助项目（2019RC02）

中国农业科学技术出版社

图书在版编目（CIP）数据

浙江天目山蝴蝶图鉴 / 李泽建等著 . —北京：中国农业科学技术出版社，2019.4
ISBN 978-7-5116-4087-1

Ⅰ . ①浙… Ⅱ . ①李… Ⅲ . ①天目山－蝶－图集
Ⅳ . ① Q969.420.8-64

中国版本图书馆 CIP 数据核字（2019）第 052394 号

责任编辑　张志花
责任校对　贾海霞

出 版 者　中国农业科学技术出版社
北京市中关村南大街 12 号　邮编：100081
电　　话　（010）82106636（编辑室）（010）82109702（发行部）
（010）82109709（读者服务部）
传　　真　（010）82106631
网　　址　http://www.castp.cn
经 销 者　各地新华书店
印 刷 者　北京科信印刷有限公司
开　　本　787 毫米 ×1092 毫米　1/16
印　　张　20.25
字　　数　480 千字
版　　次　2019 年 4 月第 1 版　2019 年 4 月第 1 次印刷
定　　价　268.00 元

Biodiversity Conservation Research Series in Zhejiang, China

Butterflies in Mt. Tianmu of Zhejiang

Li Zejian, Zhao Mingshui, Liu Mengmeng

Biodiversity Conservation Program of the Ministry of Ecology and Environment, China (China BON-Butterflies)
High Level Talents Projects of Lishui City (2019RC02)

China Agricultural Science and Technology Press

《浙江天目山蝴蝶图鉴》著者委员会

顾　　问：

童雪松　张雅林　武春生　魏美才　杨淑贞　徐海根

主　　任：

何小勇　俞建明

副 主 任：

潘心禾　俞志飞　张国荣

著　　者：

李泽建　赵明水　刘萌萌　姬婷婷　马方舟　庞春梅

摄　　影：

王军峰　李泽建　刘萌萌　杨翾傲　姬婷婷　韩婉诗

高凯文

序 一

1993 年,《浙江蝶类志》一书问世。时隔近 30 年,《浙江天目山蝴蝶图鉴》(浙江生物多样性保护研究系列卷册)一书出版。这本蝴蝶图鉴是对浙江天目山蝴蝶物种资源研究的系统性总结，基本上摸清了天目山的蝴蝶资源，掌握了蝴蝶物种具体分布状况，为生物学、昆虫学等学科的顺利发展提供了极有学术价值的数据资料，也为广大蝴蝶爱好者等公众的科普教育提供了重要参考。

浙江天目山地处中亚热带北缘，生物多样性高，物种十分丰富，是中国中亚热带林区高等植物资源最丰富的区域之一，号称中国生物资源最为丰富的模式产地之一。《浙江天目山蝴蝶图鉴》是浙江生物多样性保护研究系列卷册之一。本书图文并茂，内容翔实，以《中国蝴蝶图鉴》等书籍最新资料为研究基础，采用样线监测法和实地踏查法对天目山蝴蝶物种进行了详细调查与动态监测记录。本书提供的所有蝴蝶标本照与生态照均给出了详细的采集信息与拍摄日期，文字内容严谨。本书采用当前国际较为流行的中国蝴蝶 5 科分类系统，共记载浙江天目山蝴蝶 5 科 123 属 243 种，让读者清晰直观地了解浙江天目山蝴蝶物种的分布状况，从而为保护蝴蝶重要物种提供科学依据。同时，本书也为浙江省各自然保护区掌握蝴蝶本地资源提供了详细参考，具有十分重要的学术价值和研究价值。

衷心地祝贺《浙江天目山蝴蝶图鉴》一书顺利出版！本人非常乐于为此书作序！

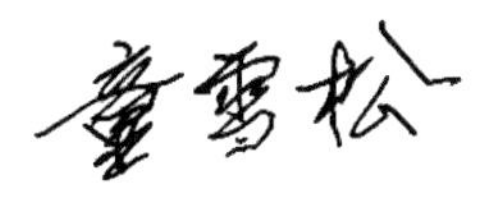

原中国昆虫学会蝴蝶分会副事长

原《中国蝶类志》副主编

原丽水地区农业科学研究所所长、研究员

2019 年 2 月 18 日于丽水

序　二

少年时节，不论家世，不喜欢虫子的男孩子想来应该不是很多吧。那些草地上蹦来蹦去的蚱蜢，院子里飞来飞去的蜻蜓，晴日花丛里翩翩起舞的蝴蝶儿，傍晚乱草中叽叽乱叫的蟋蟀们，都是成年后难以忘记的儿时记忆。

然而，玩乐之余，也许有一些其实是机缘。记得读小学的时候，学校在老家西面很远的另一个村庄里，走走停停的，步行需要一个多小时。夏日的早上背着晨曦，翻越一个稍稍隆起的长坡，在那个村庄的东头，常常会遇到我的班主任老师，一个穿着十分随便的农村中年人，正在烟地里忙活。老师会叫我帮他一起捉一种叫作烟青虫的东西，要捉完了一遍方可去庄西头的学校上学。多年之后我才知道，这是我最初接触到的害虫防治——五年后，它成了我的专业，叫作植物保护。

除了夏天的记忆，那个时候的冬天和现在也很不一样。正月里阳光斜照的时候，房檐下近乎规则排列的尖长冰溜子，变幻着光芒，偶尔咔嚓一声掉下来一两条，好玩又危险。而大雪连绵的时候，会让我不自禁地想起太白学士的“燕山雪花大如席，片片吹落轩辕台”诗句。 那个时候，燕山于我而言，有一种北方伟岸寡言的大丈夫气概。在草房的门檐下，看大雪纷飞，读江南名士钱考公的逢侠者，也自有一番滋味，年少的我心中会不自禁地升起一些意气：燕赵悲歌士，相逢剧孟家。寸心言不尽，前路日将斜。如今，冰溜子和大雪花都已和少年时光一起远去，没了踪影。而燕赵悲歌之士，也早已化作尘烟，寄托在萧峰的故事里了。

一晃间，我已经到了知天命的年纪。当然，我不信什么天命，或者前生来世，只是有时不免惊诧于缘分这种东西。在我手摘烟青虫的三十年后，一个高大帅气、阳光热情、满头浓密黑发的河北小伙子，考到了我的实验室来读研究生，他就是后来的泽建博士。七年后，这位燕赵侠士离开我的实验室时，已是一位一身虫功夫、华发半萧疏的青年才俊。更不意两年后泽建博士俘获师妹芳心，与我的另一位学生、燕赵女侠刘萌萌博士，伉俪联袂定居浙南丽水，真是神仙眷侣。

再三年，《中国钩瓣叶蜂属志》书香未散，《浙江天目山蝴蝶图鉴》又将付梓。己亥仲春，泽建、萌萌博士伉俪不以为师鲁钝，邀我次序。沉吟月余，仍不知如何起止。眼见季春渐去，只好胡乱敷衍一阕疏影，略为他们伉俪行进中的美好生活与蓬勃事业助兴一二。

疏影·天目蝶梦

清眉小蹙，叹晚春细雨，雾笼天目。一梦归来，两亿流年，犹记殷勤叮嘱：蓬莱此去不知处，向来是、高云孤鹜。恁料得、千里烟波，化作东方七宿。

琴瑟无端寂寥，柳杉重影后，微翠修竹。宋左漆园，湘右南华，轻吮曳摇红绿。欲迎朝霞舒长袖，谁笑我？楞前飞瀑。夏至唉，邀了鶗鴂，同醉浙西蝶谷。

魏美才

二〇一九年四月三十日，于南昌白鹿会馆

前　言

《浙江天目山蝴蝶图鉴》一书是作者及团队成员经过近 4 年的详细调查与监测整理编著而成的一部学术性较强、科普性较强、可读性较强的蝴蝶著作。天目山位于浙江省杭州市临安区境内，地处中亚热带北缘，生物多样性高。该书是对浙江天目山蝴蝶物种的系统性整理，图片内容十分丰富，累计图片近 1 000 张（标本照 528 张，生态照 452 张），每个蝴蝶物种均提供中文学名、拉丁学名、分布范围、发生期等，为研究浙江蝴蝶物种多样性与中国蝴蝶地理分布格局提供了重要基础材料，也为国内外专业人士研究蝴蝶类群提供了详细参考，还为进一步编纂《浙江蝶类志》《华东地区蝴蝶》等书籍打下了良好研究基础。

《浙江天目山蝴蝶图鉴》一书得以顺利出版得到了生态环境部生物多样性保护专项－全国蝴蝶多样性观测网络（China BON-Butterflies）和丽水市高层次人才培养资助项目（2019RC02）的部分资助。目前，本书按照中国蝴蝶 5 科分类系统，共记录 5 科 123 属 243 种。其中，天目山分布国家Ⅱ级保护动物 1 种：中华虎凤蝶；以天目山为模式产地的蝴蝶有：浙江生灰蝶、天目洒灰蝶、天目孔弄蝶等。书内部分疑难蝴蝶种类得到了南开大学李后魂教授、华南农业大学王敏教授、范骁凌教授及王厚帅副教授、滁州学院诸立新教授、南京晓庄学院李朝晖教授、甘肃农业大学尚素琴教授等专家的大力帮助，我们深表感谢！由于著者人员水平有限，个别种类鉴定错误难免，敬请广大蝴蝶研究人员与蝴蝶爱好者不吝赐教与斧正。

中国科学院动物研究所博士后

丽水市林业科学研究院副研究员、高级工程师

2019 年 1 月 26 日于丽水

目录

凤蝶科 Papilionidae

粉蝶科 Pieridae

蛱蝶科 Nymphalidae

弄蝶科 Hesperiidae

凤蝶科

Papilionidae

凤蝶科

鉴别特征：成虫种类多数为大型，较少数为中型；色彩鲜艳，底色多黑、黄、白，有蓝、绿、红等颜色的斑纹；后翅通常具一尾突；前足胫节有1个前胫突；后翅2A脉伸达后缘。幼虫前胸有一“Y”形翻缩腺。世界已知570余种，中国记载130余种，浙江天目山记载9属26种。其中，蝴蝶标本照56张，生态照54张。

分布：世界各地。

主要寄主植物：马兜铃科 Aristolochiaceae、景天科 Crassulaceae、樟科 Lauraceae、罂粟科 Papaveraceae、芸香科 Rutaceae、伞形花科 Umbelliferae 等。

裳凤蝶属 ***Troides*** **Hübner, [1819]**

1. 金裳凤蝶 *Troides aeacus* (C. & R. Felder, 1860)

分布 中国浙江、甘肃、陕西、长江以南区；南亚次大陆、中南半岛和马来半岛等。

发生 5–8 月

浙江天目山　2017-08-17

金裳凤蝶　浙江天目山　2017-08-15

麝凤蝶属 ***Byasa*** **Moore, 1882**

2. 灰绒麝凤蝶 *Byasa mencius* (C. & R. Felder, 1862)

分布 中国浙江、陕西、山西、福建、四川。

发生 4–9 月

♀正

♀反

1cm

浙江天目山　2018-09-06

♂正

♂反

1cm

浙江天目山　2016-09-23

灰绒麝凤蝶　浙江天目山　2018-04-18

灰绒麝凤蝶
浙江天目山　2018-04-07

灰绒麝凤蝶
浙江天目山　2018-06-02

3. 中华麝凤蝶 *Byasa confusus* (Jordan, 1896)

分布　中国浙江、台湾、西南、华南、华东；越南。

发生　4–9 月

中华麝凤蝶　浙江天目山　2018-04-18

珠凤蝶属 *Pachliopta* Reakirt, [1865]

4. 红珠凤蝶 *Pachliopta aristolochiae* (Fabricius, 1775)

分布 中国浙江、陕西、河南、台湾、广东、海南、广西壮族自治区（以下简称广西）、云南；缅甸、印度、斯里兰卡、马来西亚、菲律宾、印度尼西亚。

发生 4–9 月

注 《天目山昆虫》（吴鸿等，2001）文字记录种类。

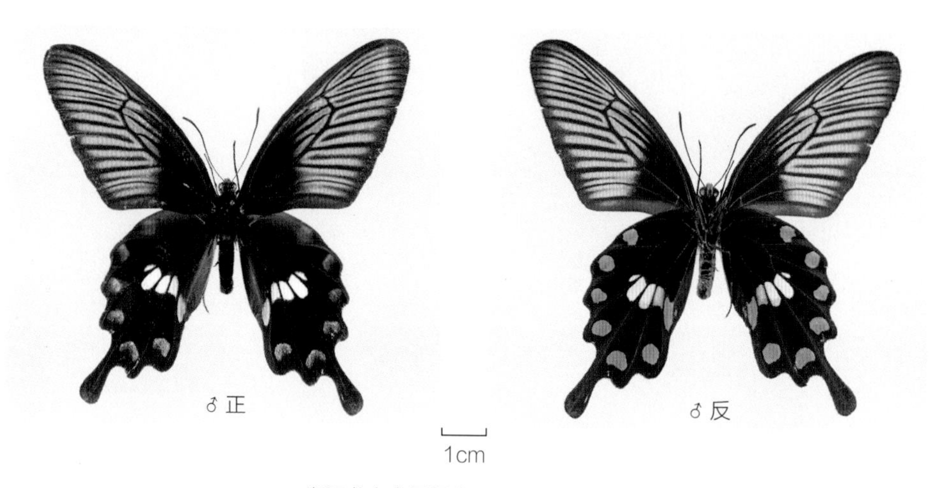

浙江龙泉市凤阳山　2017-09-07

凤蝶属 *Papilio* Linnaeus, 1758

5. 美姝凤蝶 *Papilio macilentus* Jason, 1877

分布 中国浙江、华东、华北、西南、东北；俄罗斯、朝鲜半岛、日本。

发生 4–9 月

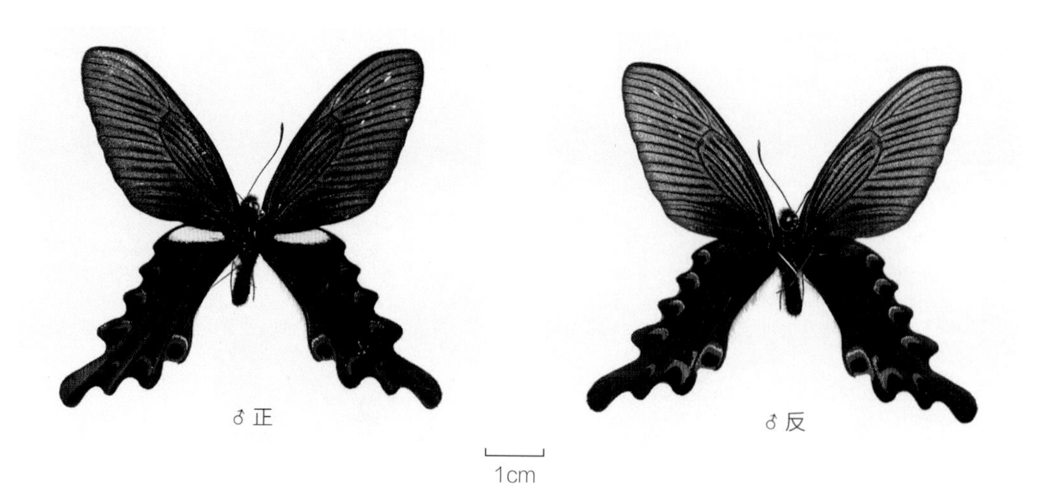

浙江天目山　2017-04-08

美姝凤蝶　浙江天目山　2017-04-26

美姝凤蝶　浙江天目山　2017-08-16

6. 碧凤蝶 *Papilio bianor* Cramer, 1777

分布 中国浙江及西南、华南、华中、华东、华北各省区；南亚次大陆北部和中南半岛局部区域。

发生 4–9 月

浙江天目山 2018-09-05

碧凤蝶 浙江天目山 2018-04-02

7. 金凤蝶 *Papilio machaon* Linnaeus, 1758

分布 中国浙江及境内其他各省区；欧亚大陆和中南半岛北部。

发生 5-9 月

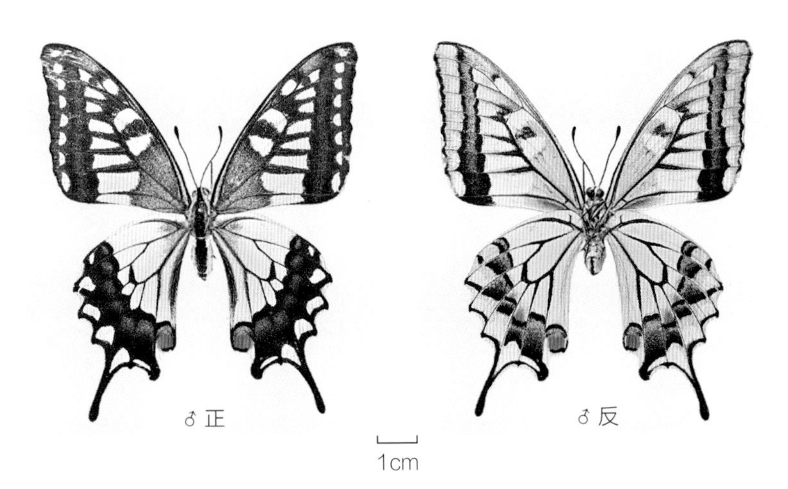

浙江天目山 2018-06-12

金凤蝶 浙江天目山 2017-09-13

金凤蝶 浙江天目山 2017-07-12

金凤蝶　浙江天目山　2018-05-23

金凤蝶　浙江天目山　2018-07-06

8. 蓝凤蝶 *Papilio protenor* Cramer, 1775

分布 中国浙江及秦岭以南其他各省区；南亚次大陆北部、中南半岛北部、朝鲜半岛、日本群岛等。

发生 4–9月

浙江天目山　2018-04-18

蓝凤蝶　浙江余姚市四明山
2018-07-24

蓝凤蝶　浙江丽水市景宁县　2016-07-05

9. 穹翠凤蝶 *Papilio dialis* (Leech, 1893)

分布 中国浙江、西南、华南、华中、华东、台湾；缅甸、老挝、越南等。

发生 5-6 月

浙江天目山　2018-07-11

穹翠凤蝶　浙江天目山　2017-05-24

10. 柑橘凤蝶 *Papilio xuthus* Linnaeus, 1767

分布 中国浙江及除青藏高原以外的其他各个省区；俄罗斯、日本群岛、朝鲜半岛、中南半岛北部、菲律宾吕宋岛以及部分南太平洋岛屿等。

发生 4–10月

注 《天目山昆虫》（吴鸿等，2001）文字记录种类。

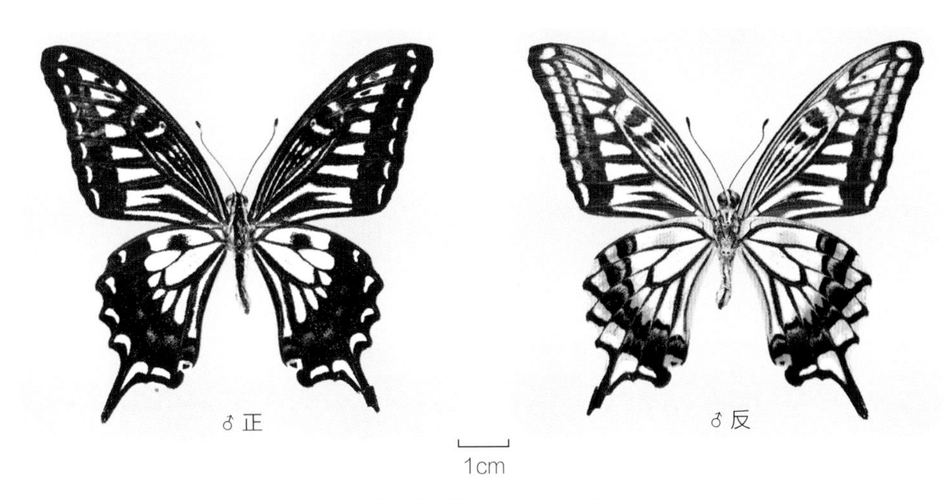

浙江余姚市四明山 2018-08-23

柑橘凤蝶 浙江余姚市四明山 2018-07-02

11. 绿带翠凤蝶 *Papilio maackii* Ménétriès, 1859

分布 中国浙江及西南、华南、华中、华东、华北、东北各省区；日本、俄罗斯、朝鲜半岛。

发生 4–9 月

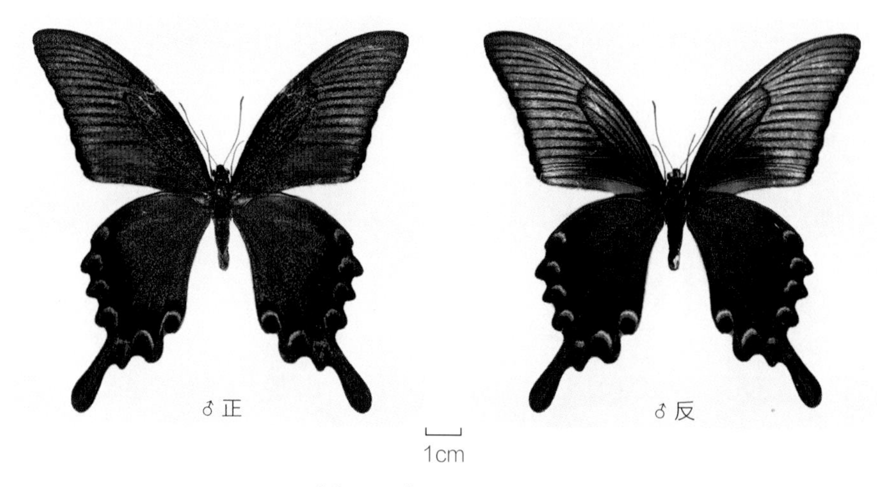

浙江天目山　2018-09-05

绿带翠凤蝶　浙江天目山　2017-06-09

绿带翠凤蝶　浙江天目山　2017-04-29

绿带翠凤蝶（上）浙江天目山　2018-07-15

12. 巴黎翠凤蝶 *Papilio paris* Linnaeus, 1758

分布 中国浙江及西南、华南、华中、华东至台湾等地；南亚次大陆至马来群岛广大区域。

发生 4–10 月

注 《天目山昆虫》(吴鸿等，2001）文字记录种类。

♂正

♂反

1cm

浙江龙泉市凤阳山　2018-10-02

巴黎翠凤蝶（左） 浙江丽水市景宁县　2016-08-14

13. 达摩凤蝶 *Papilio demoleus* Linnaeus, 1758

分布 中国浙江、福建、台湾、广东、海南、广西、云南；缅甸、印度、尼泊尔、锡金、不丹、巴基斯坦、斯里兰卡、马来西亚、印度尼西亚。

发生 5-6 月

注 《天目山昆虫》(吴鸿等，2001）文字记录种类。

云南普洱市 2017-09-09

14. 玉斑凤蝶 *Papilio helenus* Linnaeus, 1758

分布 中国浙江及南方其他各省区；南亚次大陆、中南半岛、马来半岛、菲律宾群岛、马来群岛、日本群岛南部等。

发生 5-10 月

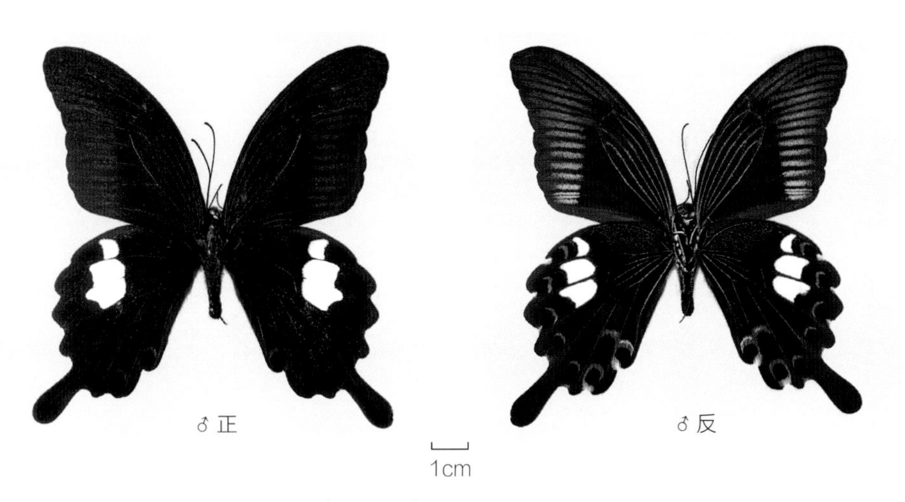

浙江天目山 2016-09-23

15. 玉带凤蝶 *Papilio polytes* Linnaeus, 1758

分布 中国浙江及秦岭以南其他各省区；南亚次大陆、中南半岛、马来半岛、安达曼群岛、马来群岛、菲律宾群岛、日本群岛等。

发生 4–10月

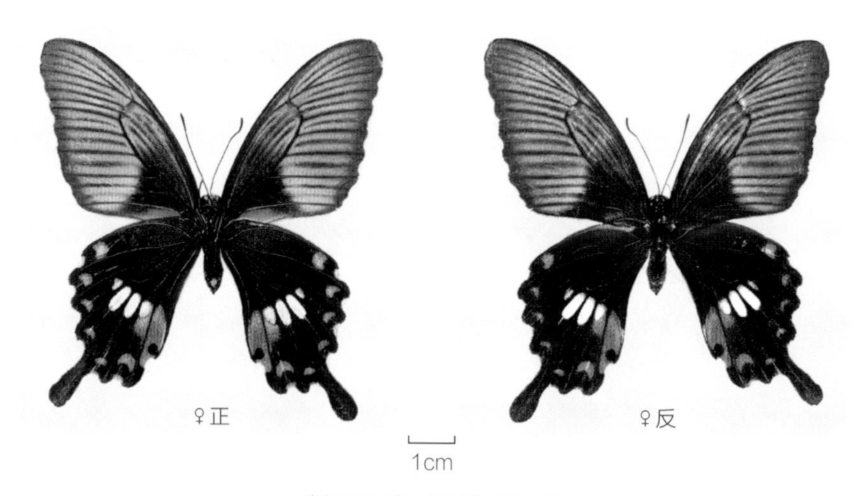

浙江天目山 2018-05-13

玉带凤蝶 浙江金华市 2017-10-02

16. 小黑斑凤蝶 *Papilio epycides* Hewitson, 1864

分布 中国浙江、西南、华南、华东等；印度、缅甸、老挝、越南等。

发生 3–4 月

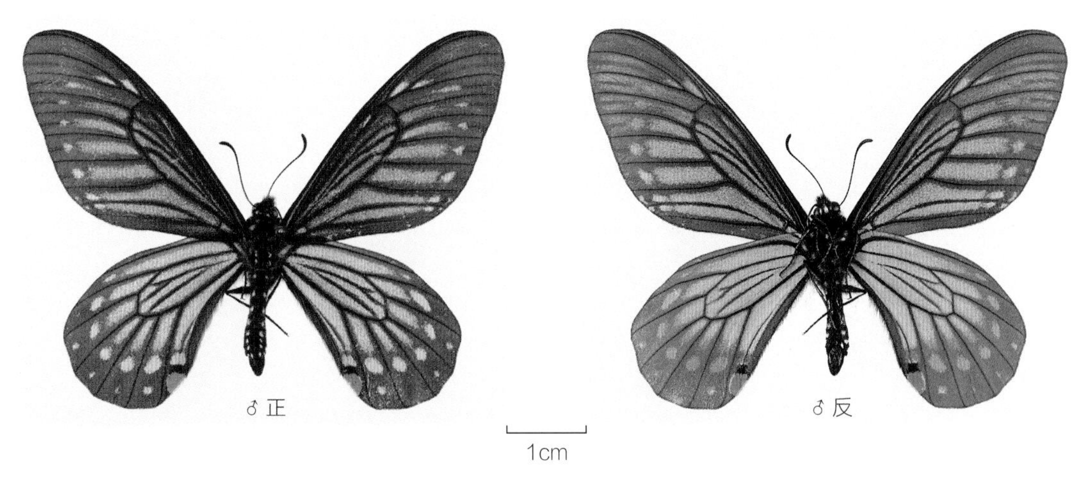

浙江天目山 2017-04-08

小黑斑凤蝶 浙江天目山 2017-04-08

小黑斑凤蝶 浙江天目山 2018-04-22

17. 宽尾凤蝶 *Papilio elwesi* Leech, 1889

分布 中国浙江及长江流域各省区，包括福建、江西、安徽、广东、广西、贵州等；越南。

发生 4–9 月

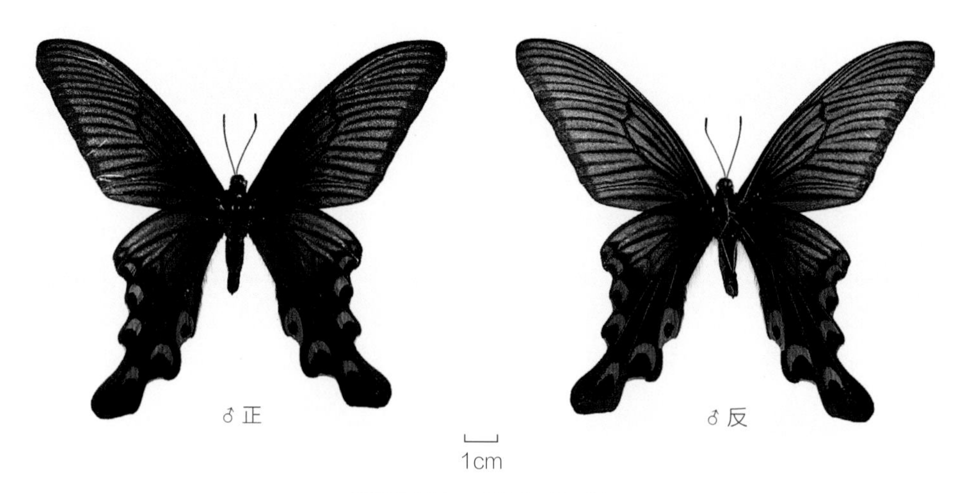

♂正 ♂反

1cm

浙江天目山 2017-08-01

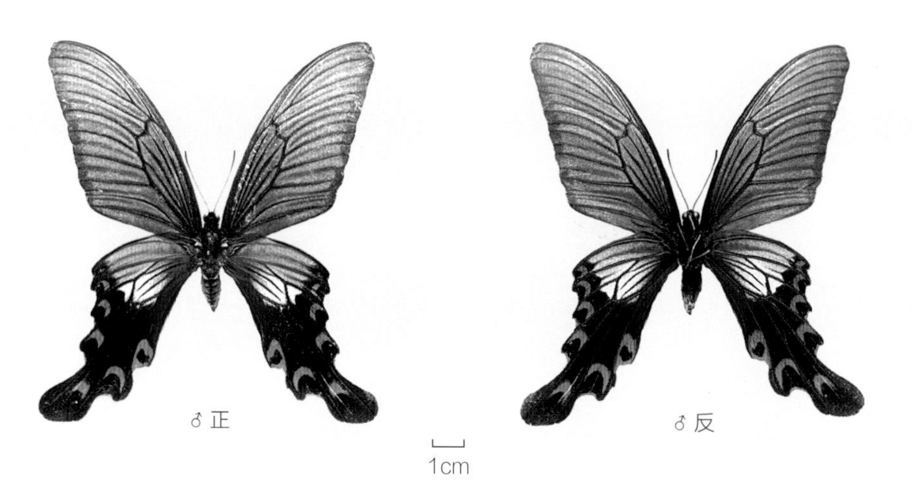

♂正 ♂反

1cm

浙江天目山 2017-07-27

宽尾凤蝶

浙江天目山 2018-04-09

宽尾凤蝶
浙江天目山　2018-04-18

宽尾凤蝶　浙江天目山　2018-04-19

宽尾凤蝶　浙江天目山　2018-07-07

青凤蝶属 *Graphium* Scopoli, 1777

18. 青凤蝶 *Graphium sarpedon* (Linnaeus, 1758)

分布 中国浙江及秦岭以南其他各省区；日本、巴布亚新几内亚、澳大利亚、南亚次大陆、马来群岛、菲律宾群岛等。

发生 4-9月

浙江天目山 2018-06-10

青凤蝶
浙江台州市中央山 2018-08-04

青凤蝶 浙江天目山 2018-06-08

19. 黎氏青凤蝶 *Graphium leechi* (Rothschild, 1895)

分布 中国浙江、云南、广西、湖南、福建；越南。

发生 4–8 月

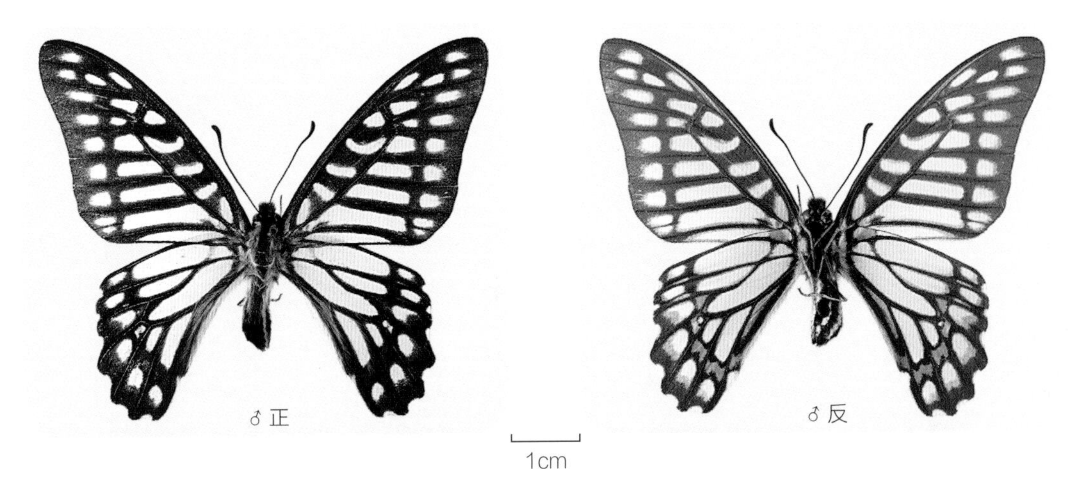

浙江天目山　2017-04-08

黎氏青凤蝶　浙江余姚市四明山　2018-07-24

黎氏青凤蝶　浙江天目山　2017-04-16

黎氏青凤蝶　浙江天目山　2018-04-15

20. 宽带青凤蝶 *Graphium cloanthus* (Westwood, 1845)

分布 中国浙江及秦岭以南其他各省区；印度、不丹、缅甸、老挝、越南、泰国等。

发生 4–9 月

浙江天目山　2018-06-12

宽带青凤蝶　浙江天目山　2017-04-16

宽带青凤蝶
浙江天目山 2018-06-12

宽带青凤蝶 浙江天目山 2018-04-06

21. 碎斑青凤蝶 *Graphium chironides* (Honrath, 1884)

分布 中国浙江及长江以南各省区；南亚次大陆、马来半岛。

发生 4–10 月

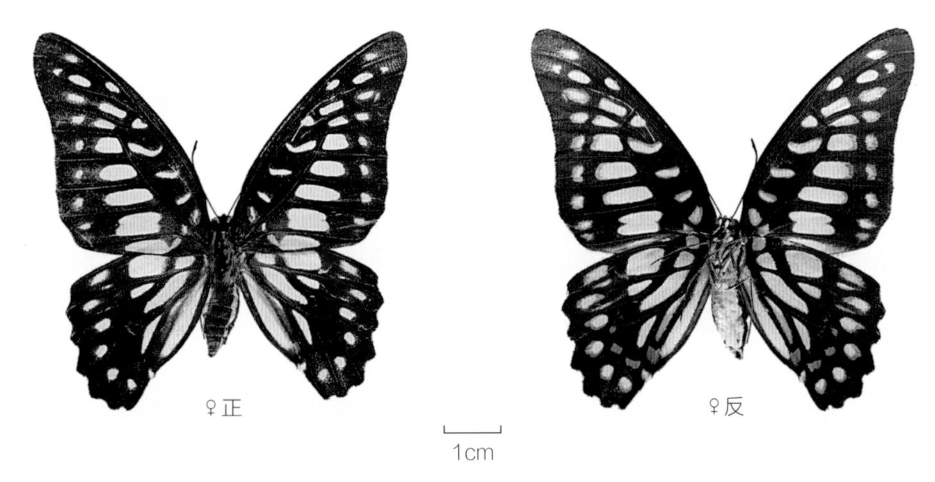

浙江天目山　2016-07-29

碎斑青凤蝶　浙江丽水市白云山　2016-07-11

剑凤蝶属 *Pazala* Moore, 1888

22. 升天剑凤蝶 *Pazala euroa* (Leech, [1893])

分布 中国浙江、台湾、西南、华南、华中、华东；印度、尼泊尔、缅甸、泰国、老挝、越南。

发生 3–5 月

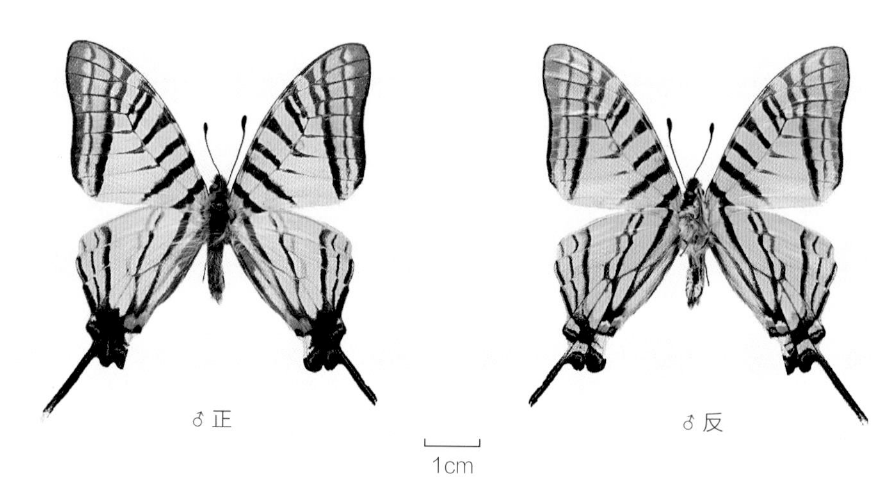

浙江天目山 2017-04-08

升天剑凤蝶 浙江天目山 2018-04-07

升天剑凤蝶 浙江天目山 2018-03-30

23. 四川剑凤蝶 *Pazala sichuanica* Koiwaya, 1993

分布 中国浙江、四川、华中、华东、华南。

发生 4–5 月

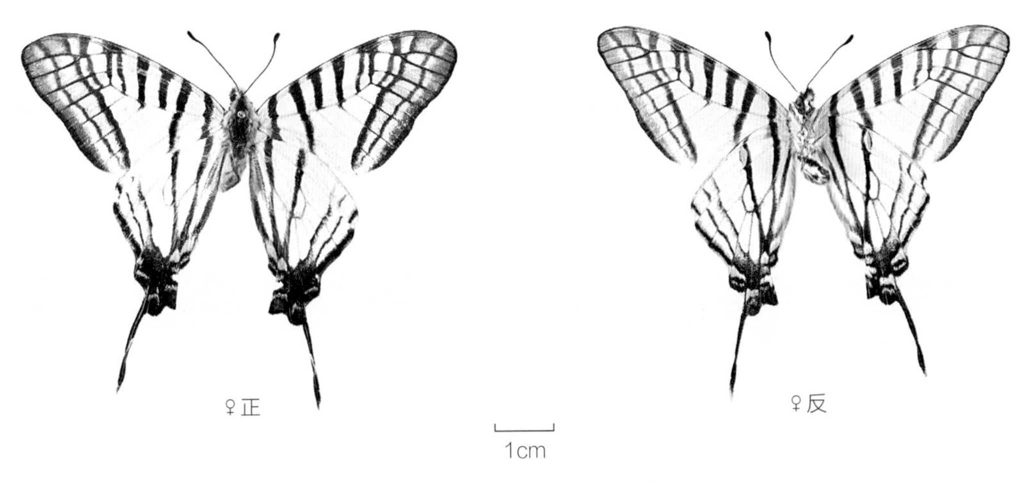

浙江天目山　2018-04-02

四川剑凤蝶
浙江天目山　2017-04-08

四川剑凤蝶
浙江天目山　2018-04-10

四川剑凤蝶（左二）浙江天目山　2017-04-16

丝带凤蝶属 *Sericinus* Westwood, 1851

24. 丝带凤蝶 *Sericinus montelus* Gray, 1852

分布 中国浙江、北京、辽宁、河北、甘肃、宁夏回族自治区（以下简称宁夏）、陕西、河南、湖北、湖南等；日本、俄罗斯、朝鲜半岛。

发生 4–10月

注 《天目山昆虫》（吴鸿等，2001）文字记录种类。

♀正　♀反

1cm

浙江余姚市四明山　2018-08-24

♂正　♂反

1cm

浙江余姚市四明山　2018-09-15

丝带凤蝶　浙江余姚市四明山　2018-07-02

丝带凤蝶　浙江余姚市四明山　2018-07-24

虎凤蝶属 *Luehdorfia* Cruger, 1851

25. 中华虎凤蝶 *Luehdorfia chinensis* Leech, 1893

分布 中国浙江、江苏、湖北、河南、陕西等。

发生 3–4 月

1cm

浙江天目山　2018-04-10

中华虎凤蝶
浙江天目山　2018-04-10

中华虎凤蝶　浙江天目山　2018-04-10

中华虎凤蝶　江苏南京市老山　2019-03-10

中华虎凤蝶　浙江天目山　2019-04-05

中华虎凤蝶　浙江天目山　2019-04-07

绢蝶属 ***Parnassius*** **Latreille, 1804**

26. 冰清绢蝶 *Parnassius citrinarius* Motschulsky, 1866

分布 中国浙江、辽宁、山东、江苏、贵州等；日本、朝鲜半岛等。

发生 4–6 月

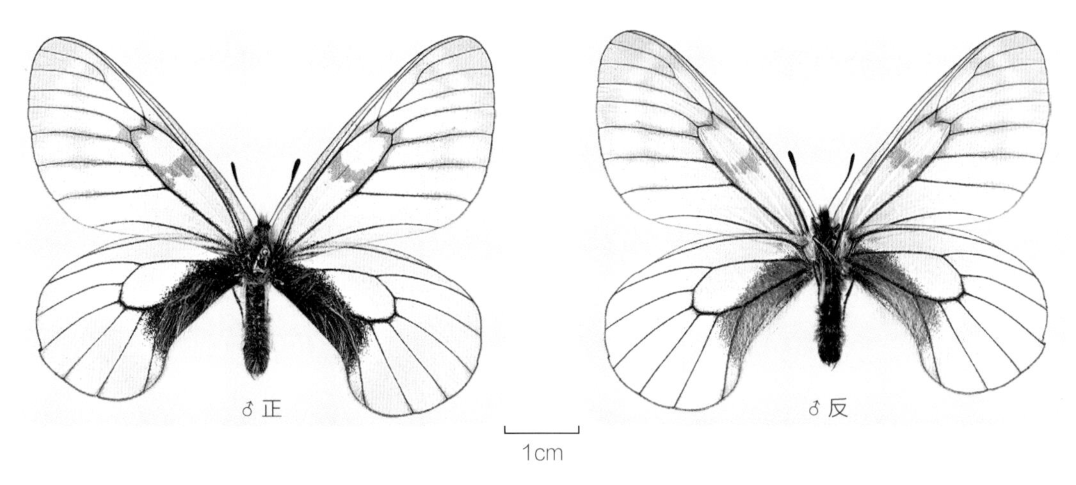

浙江天目山 2018-05-11

冰清绢蝶 浙江天目山 2017-05-18

冰清绢蝶　浙江天目山　2017-05-22

冰清绢蝶　浙江天目山　2017-05-22

冰清绢蝶　浙江天目山　2018-05-25

粉蝶科

Pieridae

粉蝶科

鉴别特征：成虫体型通常为中型或小型；颜色较素淡，一般为白色、黄色或橙色，通常具黑色或红色等颜色的斑纹；后翅无尾突；前足发育正常，两爪均为二叉式分开。世界已知约 1200 种，中国记载 150 余种，浙江天目山记载 5 属 10 种。其中，蝴蝶标本照 44 张，生态照 28 张。

分布：世界各地。

主要寄主植物：山柑科 Capparaceae、十字花科 Cruciferae、豆科 Fabaceae、蔷薇科 Rosaceae 等。

豆粉蝶属 *Colias* Fabricius, 1807

27. 东亚豆粉蝶 *Colias poliographus* Motschulsky, 1860

分布 中国浙江、北京、四川、云南、台湾、香港；俄罗斯、日本等。

发生 4-9 月

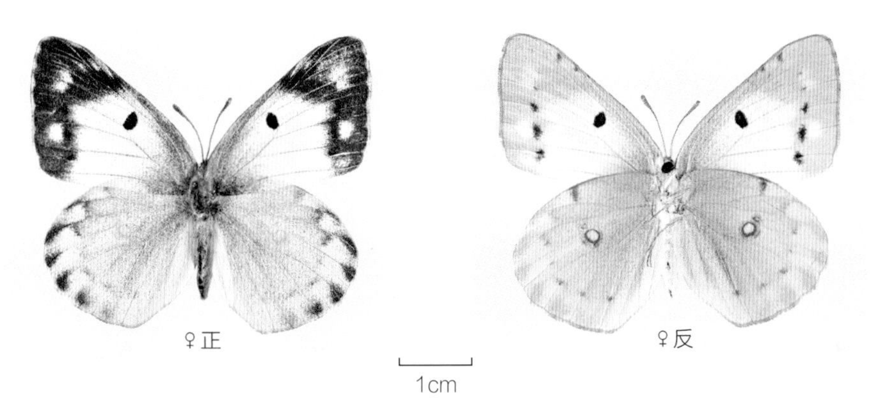

浙江天目山 2018-05-11

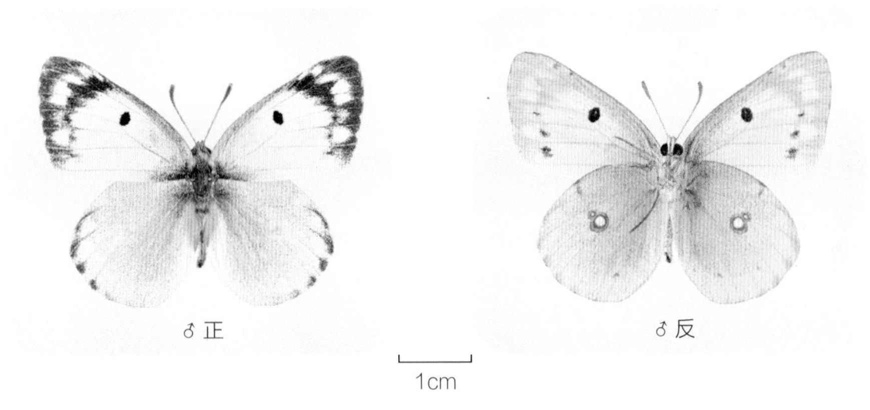

浙江天目山 2018-05-12

东亚豆粉蝶 浙江天目山 2018-06-10

东亚豆粉蝶　浙江天目山　2017-05-15

东亚豆粉蝶　浙江天目山　2018-04-15

东亚豆粉蝶　浙江天目山　2018-07-06

黄粉蝶属 *Eurema* Hübner, [1819]

28. 宽边黄粉蝶 *Eurema hecabe* (Linnaeus, 1758)

分布 中国浙江、江苏、上海、福建、海南、云南、广西、江西、西藏自治区（以下简称西藏）、四川、贵州、湖南、湖北、广东、香港、安徽、台湾、北京、河北、河南、陕西、山西、甘肃、山东；亚洲、非洲和澳洲的热带和亚热带地区。

发生 5-9 月

宽边黄粉蝶　浙江天目山　2017-06-27

宽边黄粉蝶　浙江天目山　2017-09-13

宽边黄粉蝶　浙江余姚市四明山　2018-07-02

29. 北黄粉蝶 *Eurema mandarina* (de l'Orza, 1869)

分布 中国浙江、台湾、福建、广西、海南、香港；日本、朝鲜半岛。

发生 5–10 月

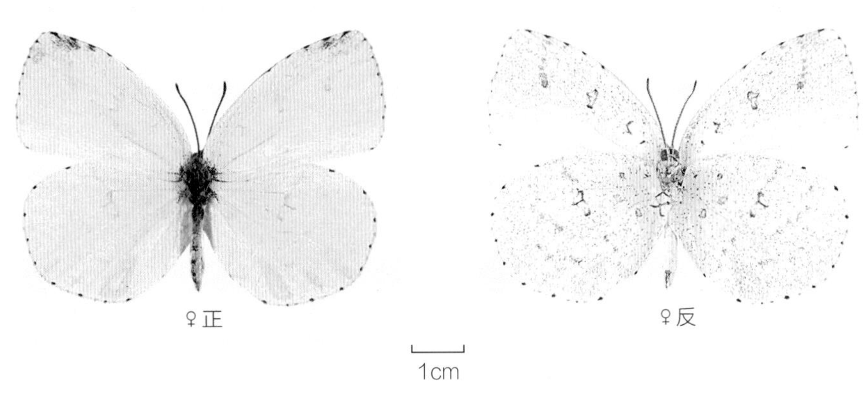

浙江丽水市九龙湿地 2018-03-04

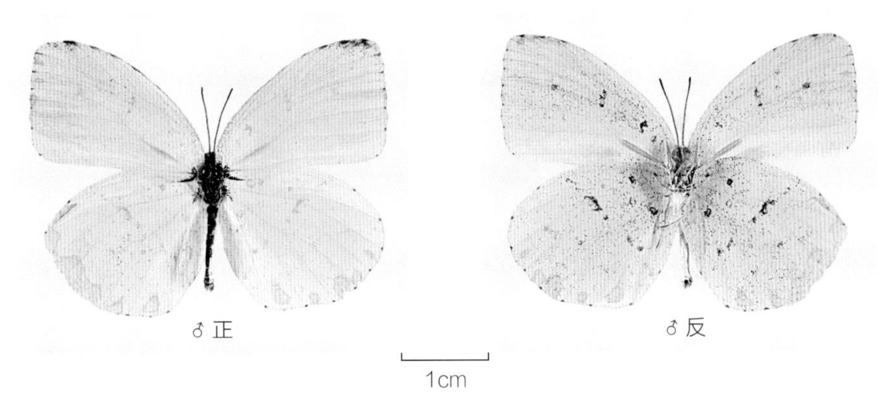

浙江天目山 2018-04-18

浙江余姚市四明山 2018-08-23

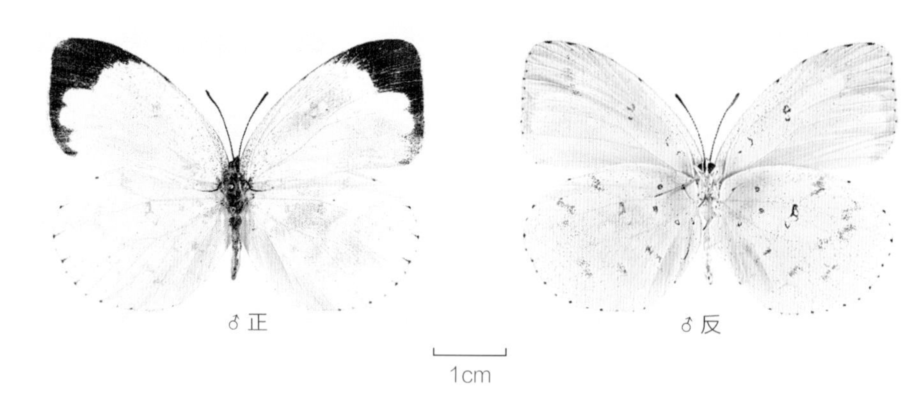

浙江余姚市四明山　2018-08-23

北黄粉蝶
浙江丽水市白云山
2016-11-28

北黄粉蝶
浙江丽水市白云山　2017-04-08

钩粉蝶属 *Gonepteryx* Leach, 1815

30. 圆翅钩粉蝶 *Gonepteryx amintha* Blanchard, 1871

分布 中国浙江、福建、河南、四川、甘肃、云南、西藏、陕西等；俄罗斯、朝鲜半岛等。

发生 4-8 月

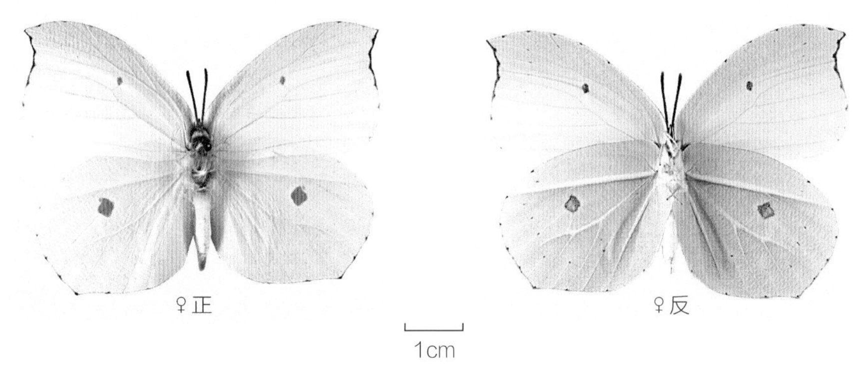

浙江天目山 2017-07-12

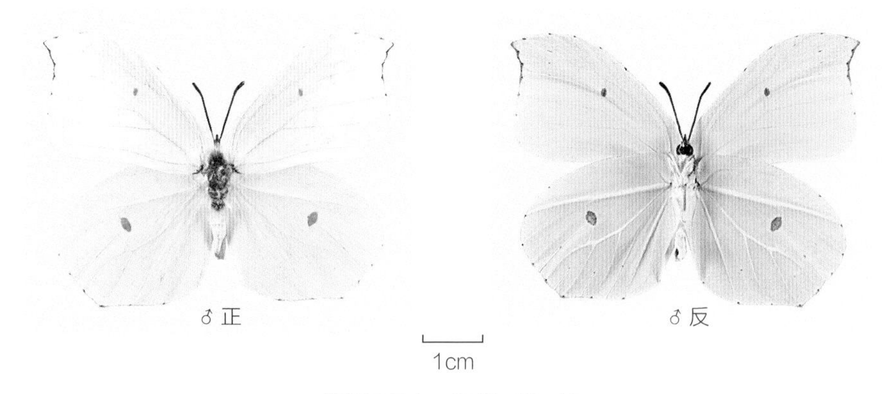

浙江天目山 2018-05-13

圆翅钩粉蝶 浙江天目山 2017-06-17

31. 淡色钩粉蝶 *Gonepteryx aspasia* Ménétriès, 1859

分布 中国浙江、北京、河北、山西、黑龙江、吉林、辽宁、江苏、福建、四川、云南、西藏、陕西、甘肃、青海等；日本、俄罗斯等。

发生 5–9 月

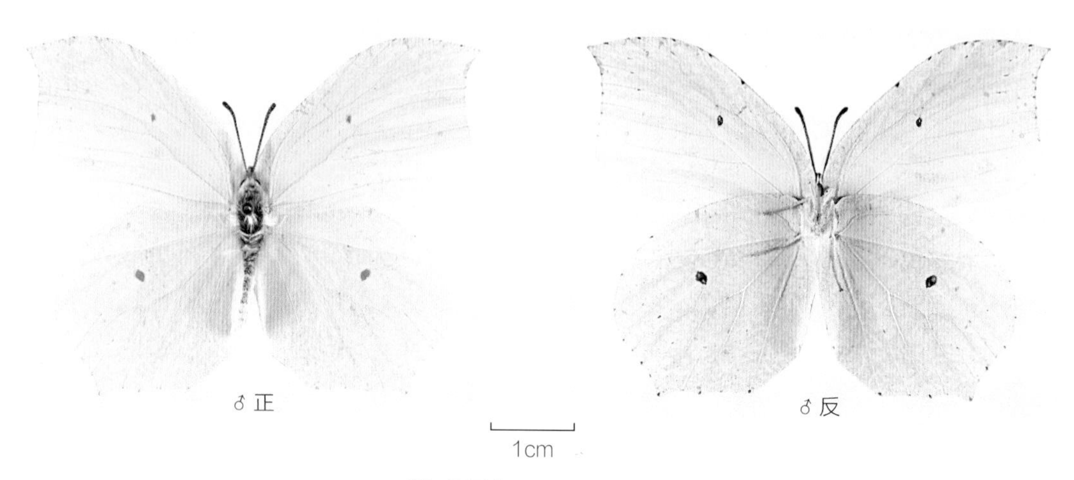

浙江天目山　2018-09-05

淡色钩粉蝶
浙江天目山　2018-05-16

淡色钩粉蝶　浙江天目山　2017-05-25

粉蝶属 *Pieris* Schrank, 1801

32. 东方菜粉蝶 *Pieris canidia* (Sparrman, 1768)

分布 中国浙江及国内其他各省区；土耳其、印度、越南、老挝、缅甸、柬埔寨、泰国、马来半岛、朝鲜半岛等。

发生 4–9 月

浙江天目山　2018-09-05

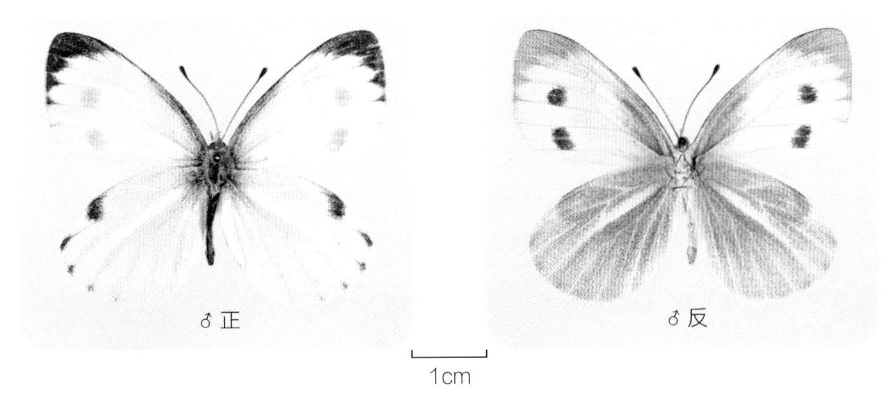

浙江天目山　2018-04-11

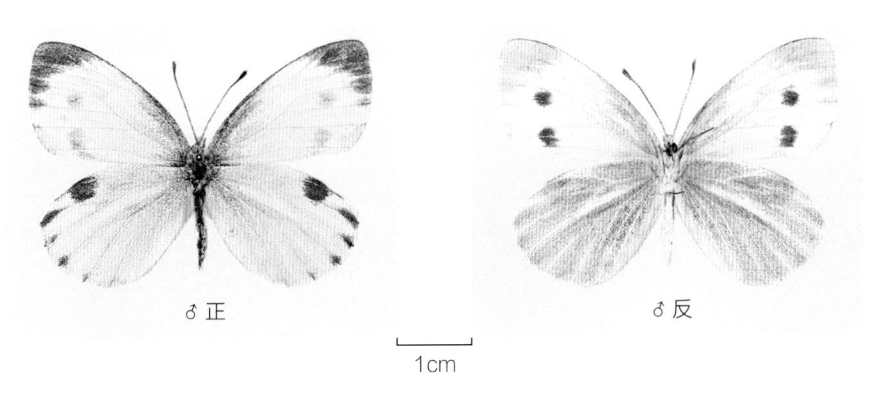

浙江丽水市白云山　2019-03-26

东方菜粉蝶　浙江天目山　2018-06-08

东方菜粉蝶　浙江天目山　2018-04-15

东方菜粉蝶　浙江天目山　2018-06-10

33. 黑纹粉蝶 *Pieris melete* Ménétriès, 1857

分布 中国浙江、河北、上海、浙江、安徽、福建、江西、河南、湖北、湖南、广西、四川、贵州、云南、西藏、陕西、甘肃等；日本、朝鲜半岛、西伯利亚。

发生 4–9月

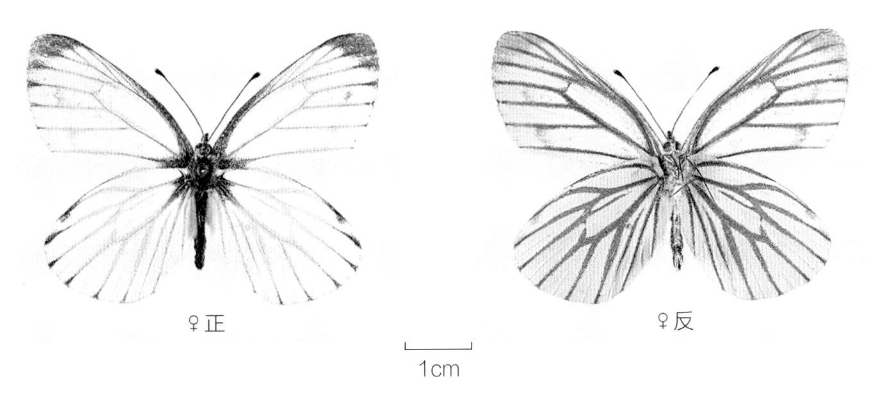

♀正　♀反

1cm

浙江天目山　2018-04-19

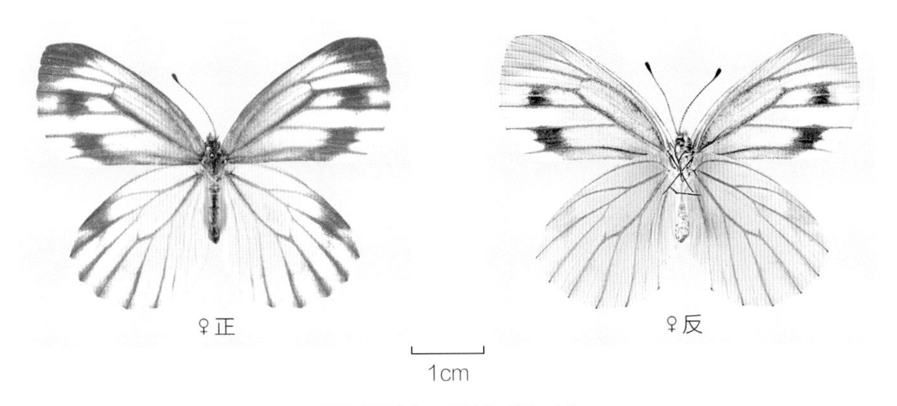

♀正　♀反

1cm

浙江天目山　2018-07-12

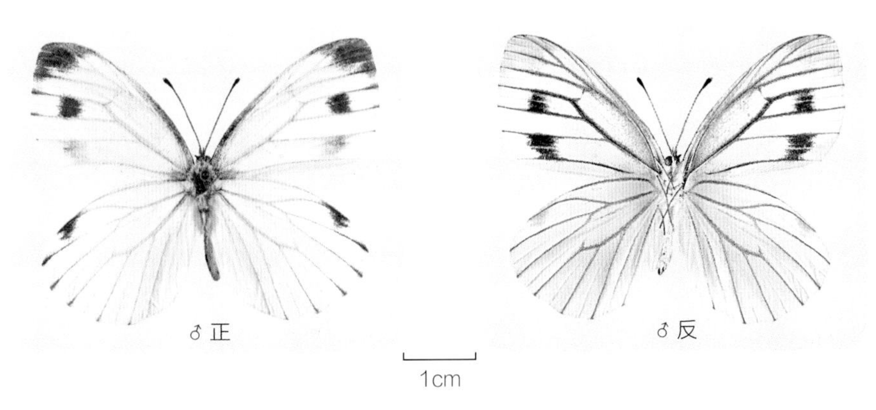

♂正　♂反

1cm

浙江天目山　2018-05-25

黑纹粉蝶 浙江天目山 2018-03-31

黑纹粉蝶 浙江天目山 2018-06-01

黑纹粉蝶 浙江天目山 2018-06-11

34. 菜粉蝶 *Pieris rapae* (Linnaeus, 1758)

分布 西方亚种（指名亚种）分布在欧亚大陆西部和北非；东方亚种分布在中国（浙江及全国其他各省区），日本及朝鲜半岛、俄罗斯东部。

发生 2–11 月

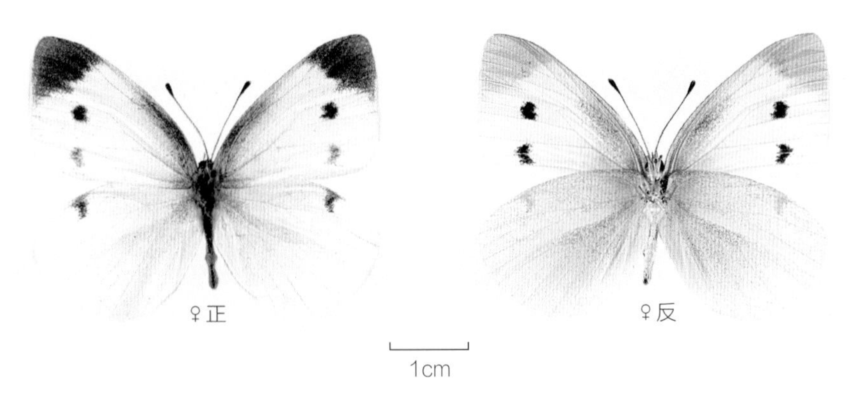

浙江天目山　2017-09-13

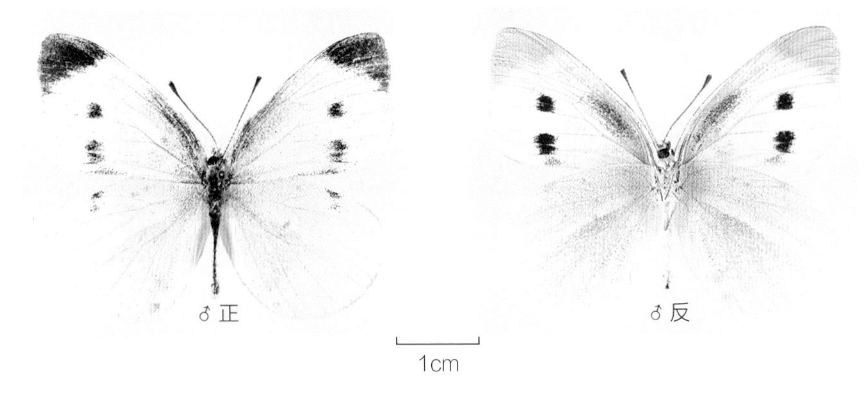

浙江天目山　2018-05-11

菜粉蝶　浙江杭州市拱墅区　2018-05-08

菜粉蝶　浙江天目山　2017-06-26

菜粉蝶　浙江天目山　2018-05-26

襟粉蝶属 *Anthocharis* Boisduval, Rambur & Graslin, [1833]

35. 黄尖襟粉蝶 *Anthocharis scolymus* Butler, 1866

分布 中国浙江、黑龙江、吉林、辽宁、北京、青海、陕西、河北、河南、湖北、上海、安徽、福建等；俄罗斯、日本、朝鲜半岛等。

发生 3-4月

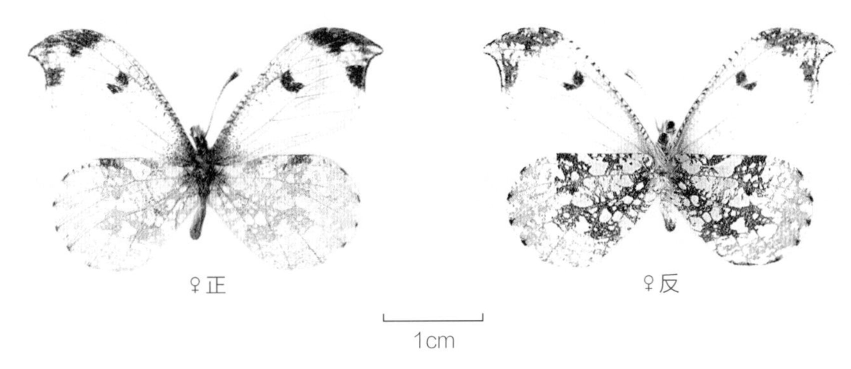

浙江天目山 2017-04-06

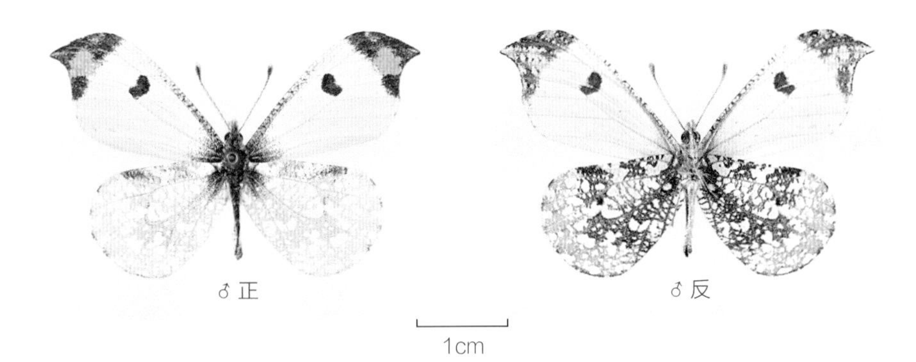

浙江天目山 2018-04-02

黄尖襟粉蝶 浙江天目山 2018-03-25

黄尖襟粉蝶　浙江天目山　2018-04-07

黄尖襟粉蝶　浙江天目山　2018-04-19

36. 橙翅襟粉蝶 *Anthocharis bambusarum* Oberthür, 1876

分布 中国浙江、江苏、河南、四川、陕西、青海等。

发生 3-4 月

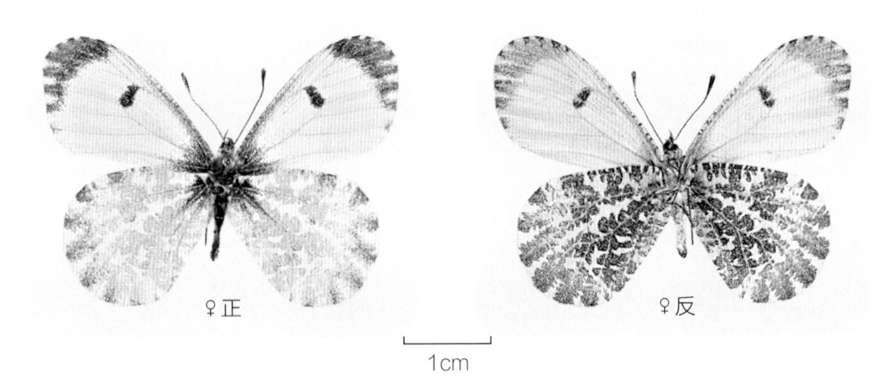

浙江天目山　2018-04-03

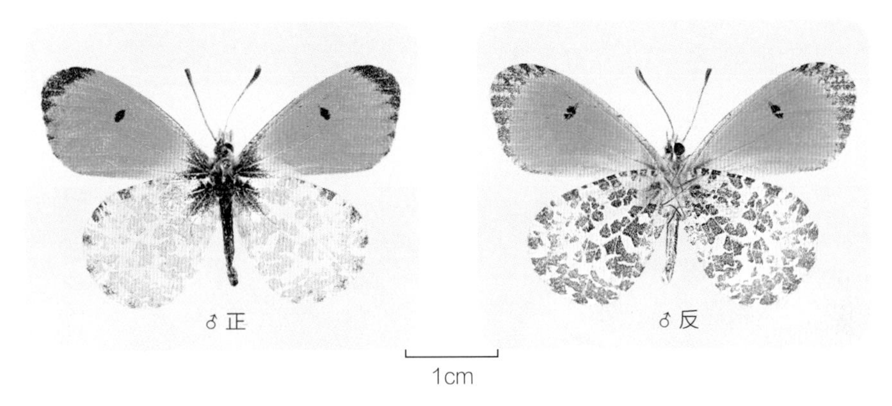

浙江天目山　2018-03-29

橙翅襟粉蝶　浙江天目山　2018-03-24

橙翅襟粉蝶　浙江天目山　2018-03-25

橙翅襟粉蝶　浙江天目山　2018-03-30

橙翅襟粉蝶 浙江天目山 2018-04-03

蛱蝶科
Nymphalidae

蛱蝶科

鉴别特征：成虫体型多为中型或大型，少数为小型；色彩鲜艳，花纹变化相当复杂；少数种类具性二型现象，部分种类成季节型；前足退化，短小无爪。幼虫头上通常有突起，有时大，呈角状；体节具棘刺；腹足趾钩中列式，1~3序。世界已知6 100余种，中国记载770余种，浙江天目山记载44属105种。其中，蝴蝶标本照234张，生态照196张。

分布：世界各地。

主要寄主植物：堇菜科 Violaceae、忍冬科 Caprifoliaceae、杨柳科 Salicaceae、桑科 Moraceae、榆科 Ulmaceae、爵床科 Acanthaceae 等。

黛眼蝶属 *Lethe* Hübner, [1819]

37. 黛眼蝶 *Lethe dura* (Marshall, 1882)

分布 中国浙江、陕西、四川、云南、湖北、福建、广东、台湾等；印度、不丹、泰国、老挝、越南等。

发生 4–9 月

♂正

♂反

1cm

浙江天目山 2017-09-14

黛眼蝶 浙江天目山 2018-09-23

38. 苔娜黛眼蝶 *Lethe diana* (Butler, 1866)

分布 中国浙江、河南、陕西、江西、辽宁、吉林等；日本、朝鲜半岛等。

发生 5-9 月

浙江天目山 2018-08-10

苔娜黛眼蝶 浙江天目山 2017-05-22

苔娜黛眼蝶　浙江天目山　2017-07-27

苔娜黛眼蝶　浙江天目山　2018-09-05

39. 深山黛眼蝶 *Lethe hyrania* (Kollar, 1844)

分布 中国浙江、福建、广东、广西、云南、台湾、海南、四川等；印度、缅甸、泰国、越南、老挝等。

发生 4–8 月

浙江天目山　2018-08-10

深山黛眼蝶　浙江天目山　2017-05-13

深山黛眼蝶　浙江天目山　2017-05-14

深山黛眼蝶　浙江天目山　2018-05-16

深山黛眼蝶　浙江天目山　2018-08-10

40. 棕褐黛眼蝶 *Lethe christophi* Leech, 1891

分布 中国浙江、湖北、福建、江西、广东、台湾等。

发生 5-9 月

浙江天目山 2018-09-06

棕褐黛眼蝶 浙江天目山 2018-08-10

41. 曲纹黛眼蝶 *Lethe chandica* Moore, [1858]

分布 中国浙江、福建、广东、广西、云南、台湾、西藏等；印度、缅甸、泰国、越南、老挝、菲律宾等。

发生 5-9月

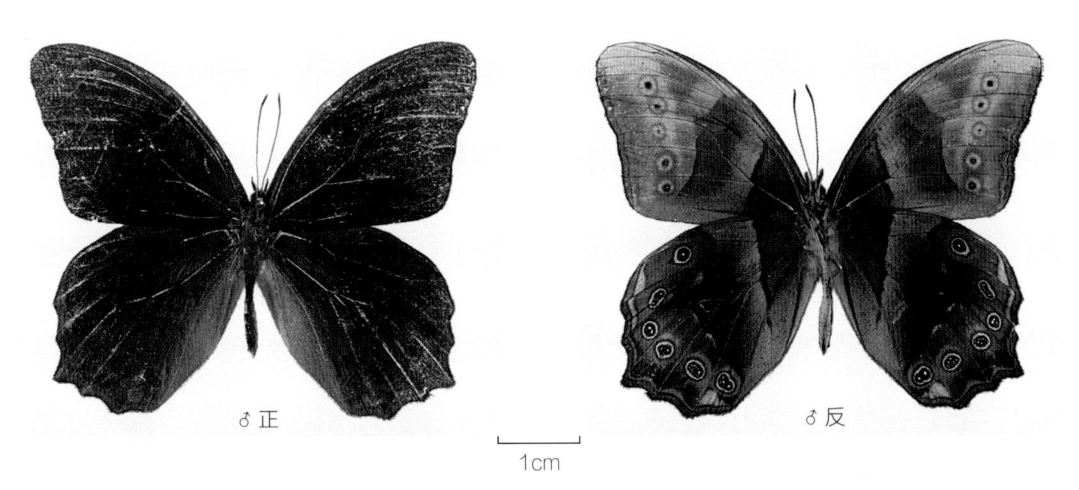

浙江天目山　2016-09-23

曲纹黛眼蝶　浙江天目山　2017-05-11

曲纹黛眼蝶　浙江龙泉市凤阳山　2018-07-22

42. 连纹黛眼蝶 *Lethe syrcis* Hewitson, 1863

分布 中国浙江、黑龙江、陕西、江西、河南、福建、四川、广西、广东、重庆等；越南、老挝。

发生 5-10月

注 天目山已监测到本种，但标本破损。

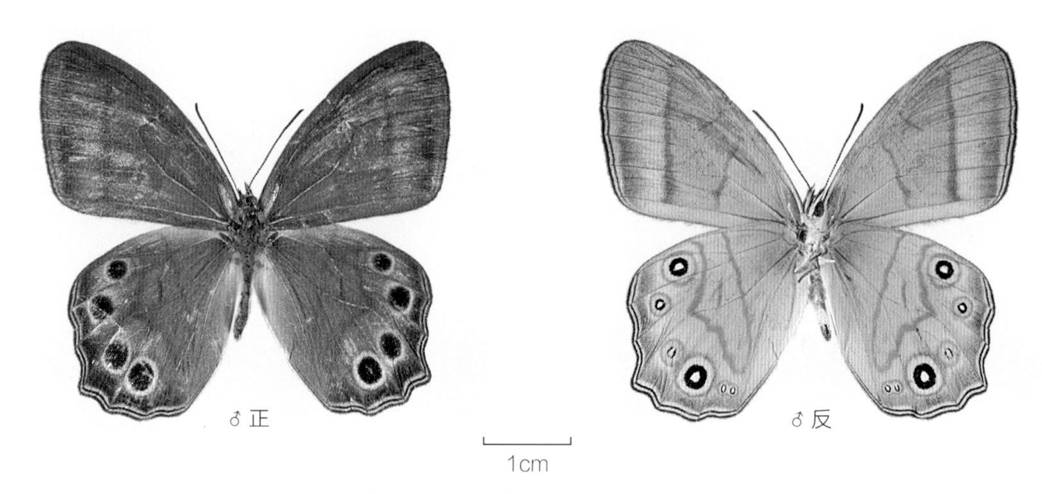

浙江余姚市四明山　2018-09-15

连纹黛眼蝶　浙江杭州市西溪湿地　2017-10-13

连纹黛眼蝶　浙江余姚市四明山　2018-09-15

43. 圆翅黛眼蝶 *Lethe butleri* Leech, 1889

分布 中国浙江、河南、台湾、福建、江西、陕西、重庆、湖北、甘肃、四川等。

发生 5–7 月

浙江天目山　2018-06-12

圆翅黛眼蝶　浙江天目山　2018-05-25

44. 直带黛眼蝶 *Lethe lanaris* Butler, 1877

分布 中国浙江、四川、甘肃、陕西、河南、重庆、湖北、江西、福建、海南等；缅甸、泰国、越南、老挝。

发生 6–10月

浙江天目山 2017-09-13

浙江天目山 2018-09-05

直带黛眼蝶　浙江天目山　2018-06-10

45. 边纹黛眼蝶 *Lethe marginalis* Motschulsky, 1860

分布 中国浙江、陕西、甘肃、河南、江西、湖北、黑龙江、吉林等；日本、俄罗斯、朝鲜半岛。

发生 6–9 月

浙江天目山　2017-06-28

46. 腰黛眼蝶 *Lethe yoshikoae* (Koiwaya, 2011)

分布 中国浙江、广西。

发生 6–9 月

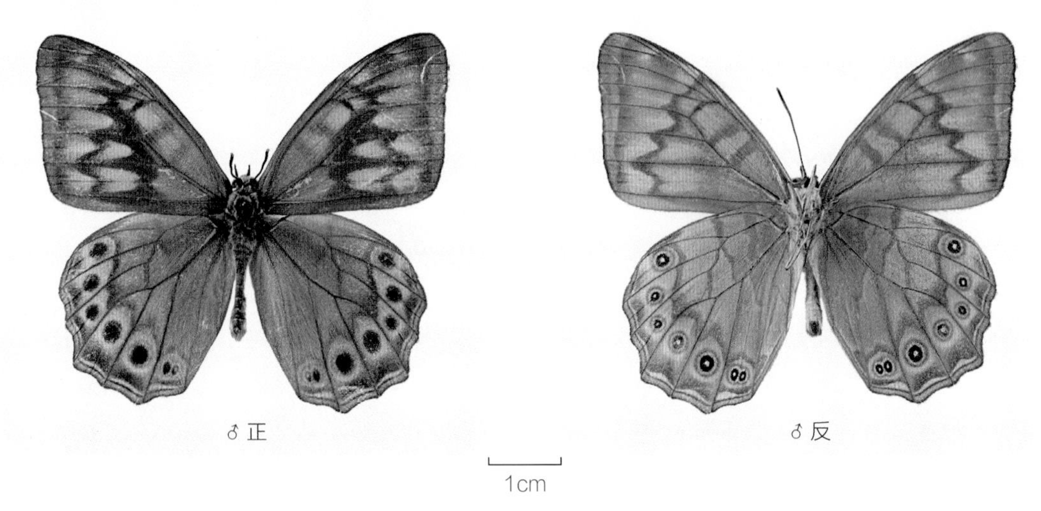

浙江天目山 2017-07-15

腰黛眼蝶 浙江天目山 2018-06-29

47. 蛇神黛眼蝶 *Lethe satyrina* Butler, 1871

分布 中国浙江、陕西、河南、福建、江西、上海、陕西、湖北、贵州、四川等。

发生 6–9 月

浙江天目山 2017-08-16

蛇神黛眼蝶 浙江天目山 2018-07-09

48. 白带黛眼蝶 *Lethe confusa* Aurivillius, 1897

分布 中国浙江、福建、广西、广东、香港、云南、四川、贵州等；南亚、东南亚。

发生 6-10 月

注 天目山已监测到本种，但标本破损。

浙江龙泉市凤阳山　2018-06-14

白带黛眼蝶　浙江台州市划岩山　2018-10-02

荫眼蝶属 *Neope* Moore, 1866

49. 蒙链荫眼蝶 *Neope muirheadii* (C. & R. Felder, 1862)

分布 中国浙江、河南、江苏、上海、福建、江西、湖北、湖南、广西、广东、四川、云南、陕西、香港等；印度、缅甸、老挝、越南等。

发生 4–9月

♂正　　♂反

1cm

浙江天目山　2016-05-25

♂正

♂反

1cm

蒙链荫眼蝶　浙江天目山　2017-07-13

蒙链荫眼蝶　浙江天目山　2017-07-27

蒙链荫眼蝶　浙江天目山　2018-07-08

蒙链荫眼蝶　浙江天目山　2018-07-11

50. 布莱荫眼蝶 *Neope bremeri* (C. & R. Felder, 1862)

分布 中国浙江、安徽、福建、江西、广东、广西、海南、四川、云南、陕西、台湾等。

发生 3–9月

浙江天目山　2017-07-27

布莱荫眼蝶　浙江天目山　2017-04-28

布莱荫眼蝶　浙江丽水市松阳县　2017-07-07

布莱荫眼蝶　浙江天目山　2018-03-25

布莱荫眼蝶　浙江天目山　2018-04-08

布莱荫眼蝶　浙江天目山　2018-07-08

51. 黄荫眼蝶 *Neope contrasta* Mell, 1923

分布 中国浙江、安徽、福建、湖南、四川等。

发生 4–5 月

♂正　♂反

1cm

浙江天目山　2018-04-03

黄荫眼蝶　浙江天目山　2017-04-21　　黄荫眼蝶　浙江天目山　2018-04-20

52. 黑翅荫眼蝶 *Neope serica* Leech, 1892

分布 中国浙江、河南、安徽、福建、江西、广东、广西、四川、云南等。

发生 7月

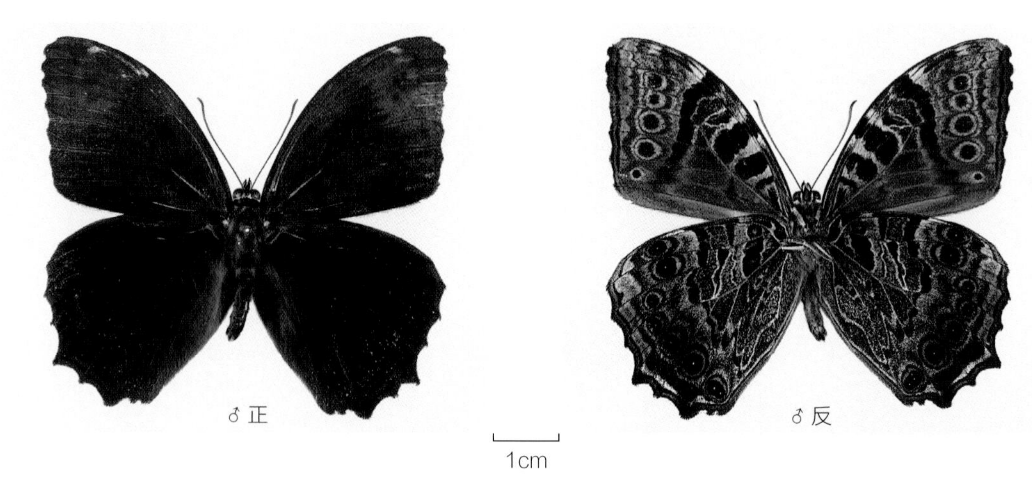

浙江天目山 2017-07-13

黑翅荫眼蝶 浙江天目山 2018-07-05

53. 大斑荫眼蝶 *Neope ramosa* Leech, 1890

分布 中国浙江、河南、安徽、福建、湖北、四川等。

发生 7–8 月

浙江天目山 2017-07-15

大斑荫眼蝶 浙江天目山 2017-07-19

大斑荫眼蝶 浙江天目山 2018-07-12

丽眼蝶属 *Mandarinia* Leech, [1892]

54. 蓝斑丽眼蝶 *Mandarinia regalis* (Leech, 1889)

分布 中国浙江、河南、陕西、四川、湖北、江西、福建、安徽、广东、海南等；缅甸、泰国、老挝、越南等。

发生 5-9月

浙江天目山　2018-09-05

蓝斑丽眼蝶　浙江天目山　2017-05-25

眉眼蝶属 *Mycalesis* Hübner, 1818

55. 拟稻眉眼蝶 *Mycalesis francisca* (Stoll, [1780])

分布 中国浙江、东北、华东、华南、西南；缅甸、泰国、印度东北部、中南半岛北部、古北区东部。

发生 4-9 月

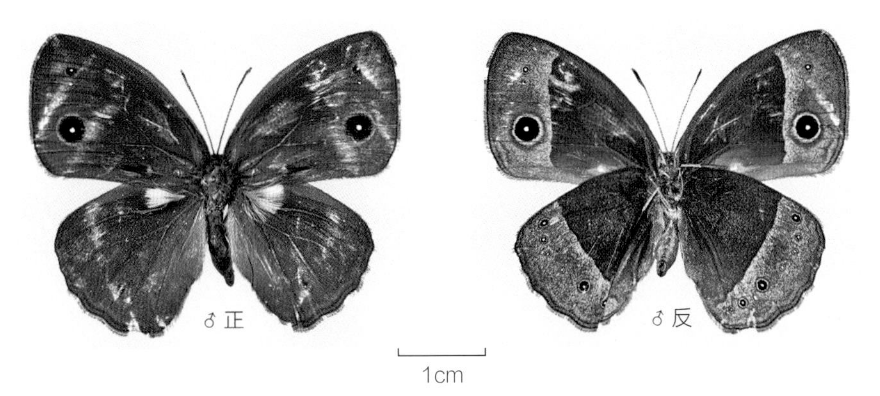

浙江天目山 2018-04-15

浙江天目山 2018-05-11

拟稻眉眼蝶 浙江天目山 2018-04-20

拟稻眉眼蝶　浙江天目山　2018-06-02

拟稻眉眼蝶　浙江天目山　2018-05-30

拟稻眉眼蝶　浙江天目山　2018-09-05

56. 稻眉眼蝶 *Mycalesis gotama* Moore, 1857

分布 中国浙江、东北、华东、华南、西南区；缅甸、泰国、印度东北部、中南半岛北部、古北区东部。

发生 5-9月

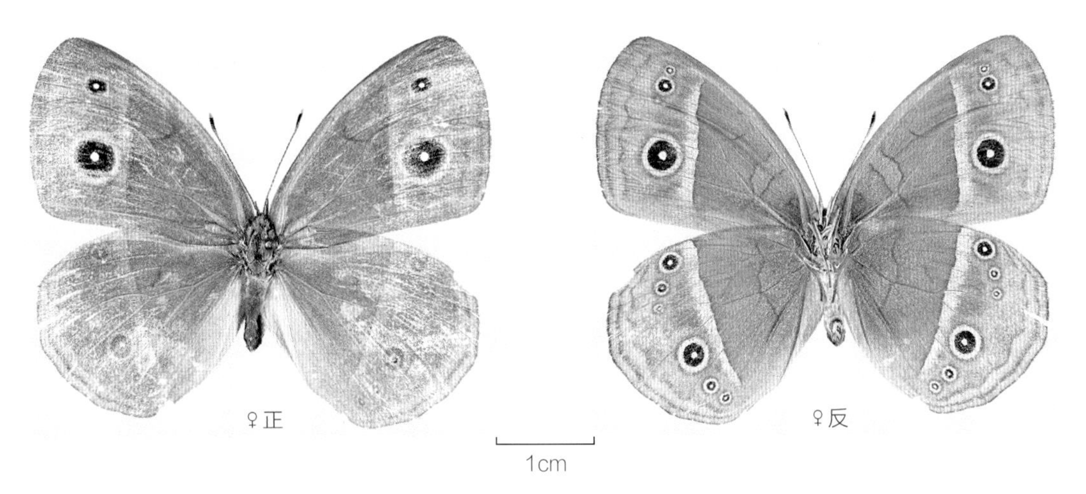

浙江天目山　2018-06-03

稻眉眼蝶　浙江杭州市灵山　2018-10-21

57. 上海眉眼蝶 *Mycalesis sangaica* Butler, 1877

分布 中国浙江、上海、江西、福建、广东、广西、云南、台湾等；缅甸、泰国、老挝、越南。

发生 5-9月

浙江天目山　2018-05-12

上海眉眼蝶　浙江天目山　2018-05-13

上海眉眼蝶　浙江天目山　2018-05-13

上海眉眼蝶　浙江台州市　2018-08-10

上海眉眼蝶　浙江天目山　2018-07-11

58. 小眉眼蝶 *Mycalesis mineus* (Linnaeus, 1758)

分布 中国浙江及长江以南其他各省区；东洋区。

发生 5-9 月

注 天目山已监测到本种，但标本破损。

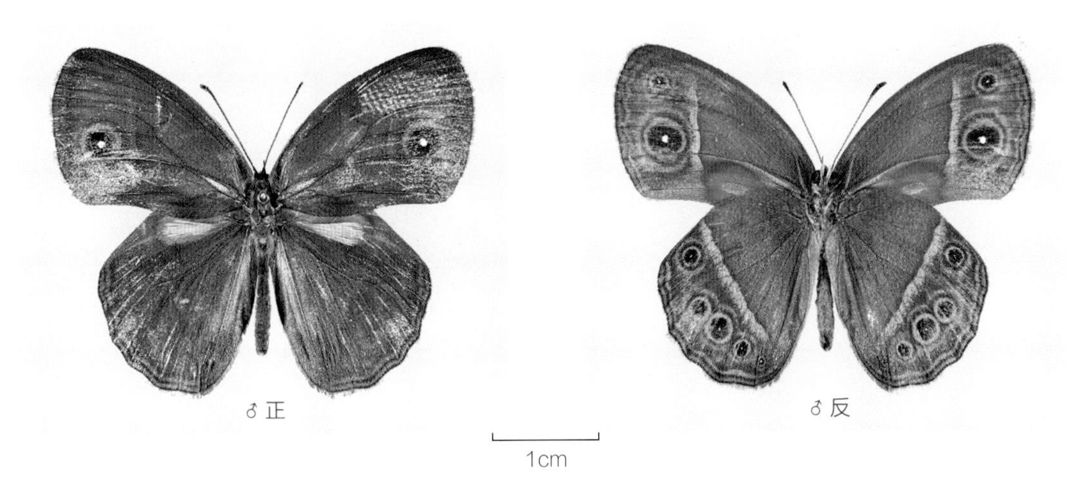

浙江龙泉市凤阳山　2018-06-14

斑眼蝶属 *Penthema* Doubleday, (1848)

59. 白斑眼蝶 *Penthema adelma* (C. & R. Felder, 1862)

分布 中国浙江、福建、广东、江西、湖北、广西、台湾、四川、陕西等。

发生 6–7 月

浙江天目山　2017-07-13

白斑眼蝶　浙江天目山　2016-06-24

白斑眼蝶　浙江天目山　2018-06-10

白斑眼蝶　浙江天目山　2018-06-12

白眼蝶属 *Melanargia* Meigen, [1828]

60. 黑纱白眼蝶 *Melanargia lugens* (Honrather, 1888)

分布 中国浙江、江西、湖南、安徽等。

发生 6-7 月

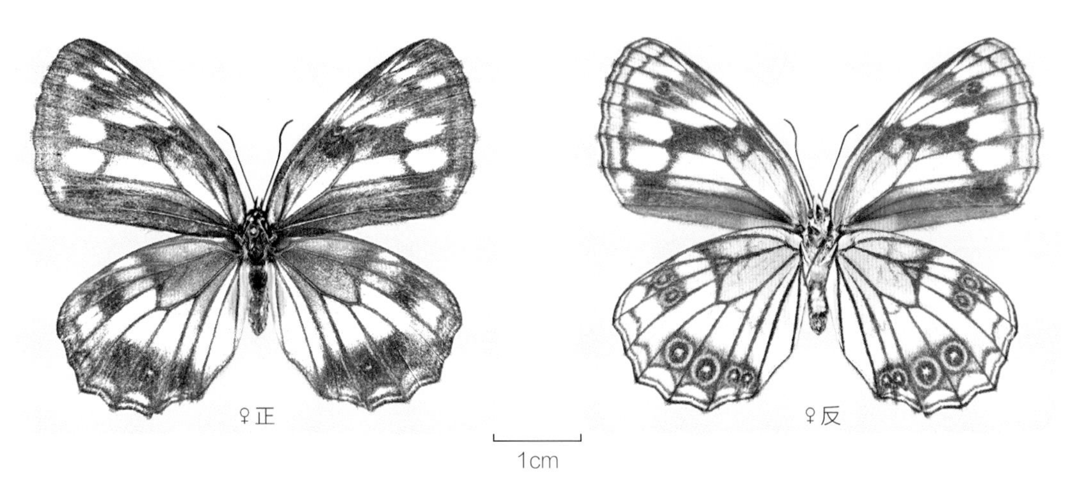

浙江天目山　2018-07-12

黑纱白眼蝶　浙江天目山　2016-06-24

眼蝶属 *Ypthima* Hübner, 1818

61. 卓矍眼蝶 *Ypthima zodia* Butler, 1871

分布 中国浙江、河南、江苏、福建、江西、四川、贵州、云南、陕西、甘肃等。

发生 4–9 月

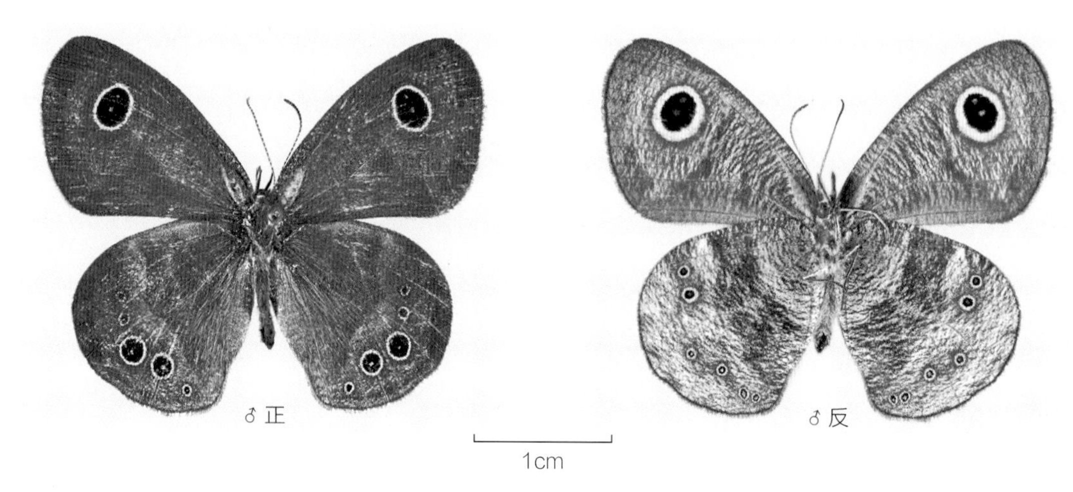

浙江天目山　2018-04-11

卓矍眼蝶　浙江天目山　2017-04-20

卓矍眼蝶
浙江天目山　2018-06-10

卓矍眼蝶
浙江天目山　2018-09-04

62. 矍眼蝶 *Ypthima baldus* (Fabricius, 1775)

分布 中国浙江、福建、广东、广西、海南、云南、西藏、香港、台湾等；南亚、东南亚。

发生 4–9 月

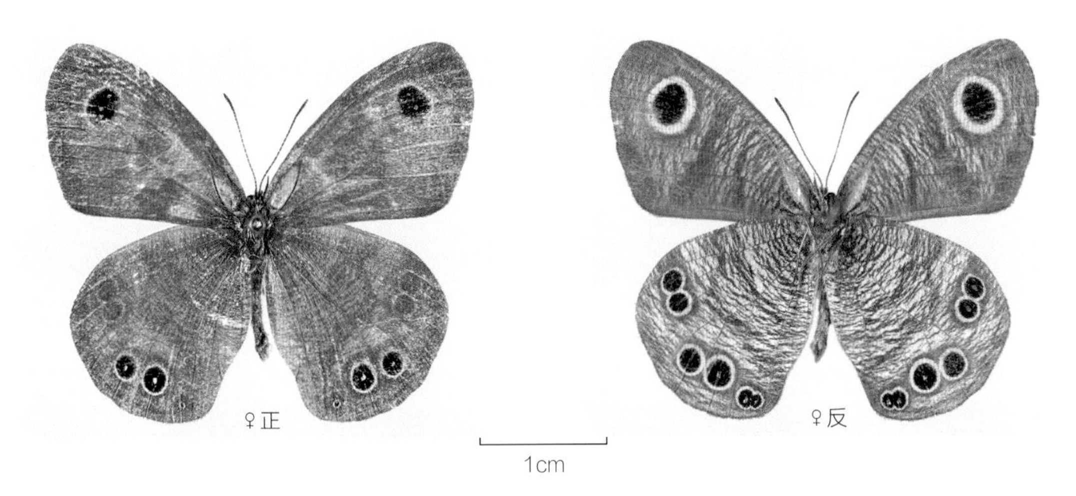

浙江天目山 2018-07-12

矍眼蝶 浙江天目山 2018-04-17

矍眼蝶 浙江天目山 2018-08-10

63. 前雾矍眼蝶 *Ypthima praenubila* Leech, 1891

分布 中国浙江、安徽、福建、江西、广东、广西、香港、台湾等。

发生 6-7 月

注 天目山已监测到本种，但标本破损。

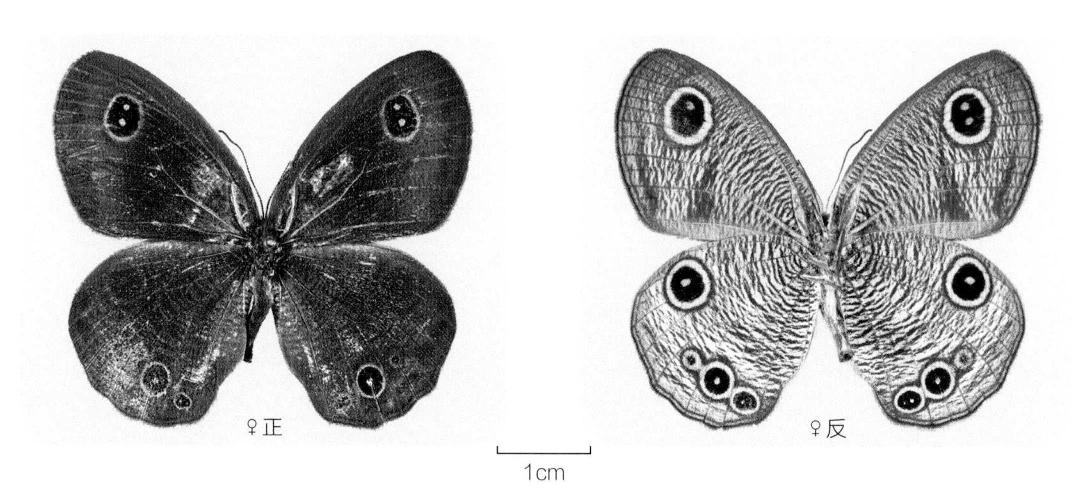

浙江余姚市四明山 2018-06-03

64. 中华矍眼蝶 *Ypthima chinensis* Leech, 1892

分布 中国浙江、安徽、福建、江西、湖南等。

发生 5-6 月

浙江天目山 2018-06-01

中华矍眼蝶　浙江天目山　2018-05-23

中华矍眼蝶　浙江天目山　2018-06-14

65. 华夏矍眼蝶 *Ypthima sinica* Uémura & Koiwaya, 2000

分布 中国浙江、安徽、福建、江西、湖南、广西、四川、贵州等。

发生 5–8 月

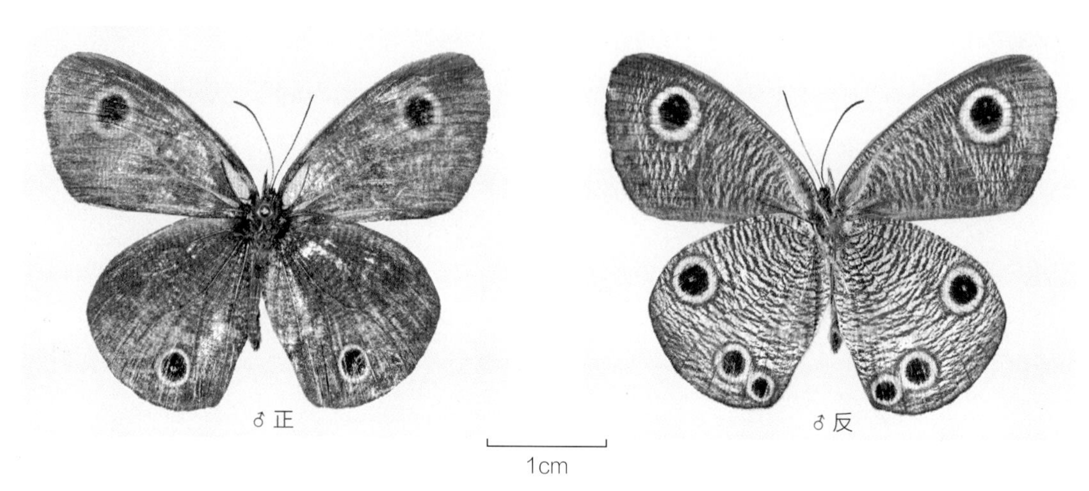

浙江天目山 2018-05-25

66. 大波矍眼蝶 *Ypthima tappana* Matsumura, 1909

分布 中国浙江、河南、安徽、福建、江西、海南、台湾等；越南等。

发生 4–8 月

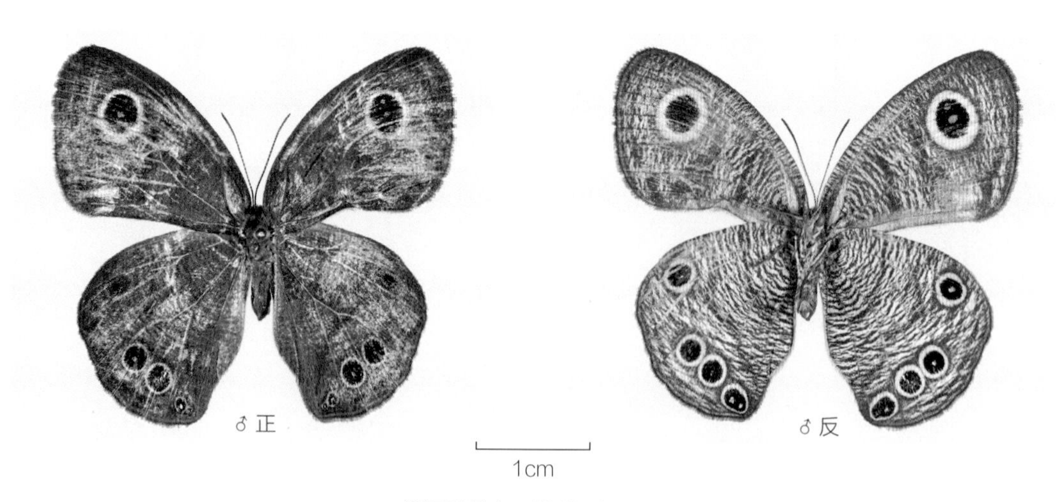

浙江天目山 2018-07-13

大波矍眼蝶　浙江天目山　2018-06-09

67. 密纹矍眼蝶 *Ypthima multistriata* Butler, 1883

分布 中国浙江、辽宁、北京、河北、河南、江苏、上海、福建、江西、贵州、四川、云南、台湾等；日本、朝鲜半岛。

发生 5–9月

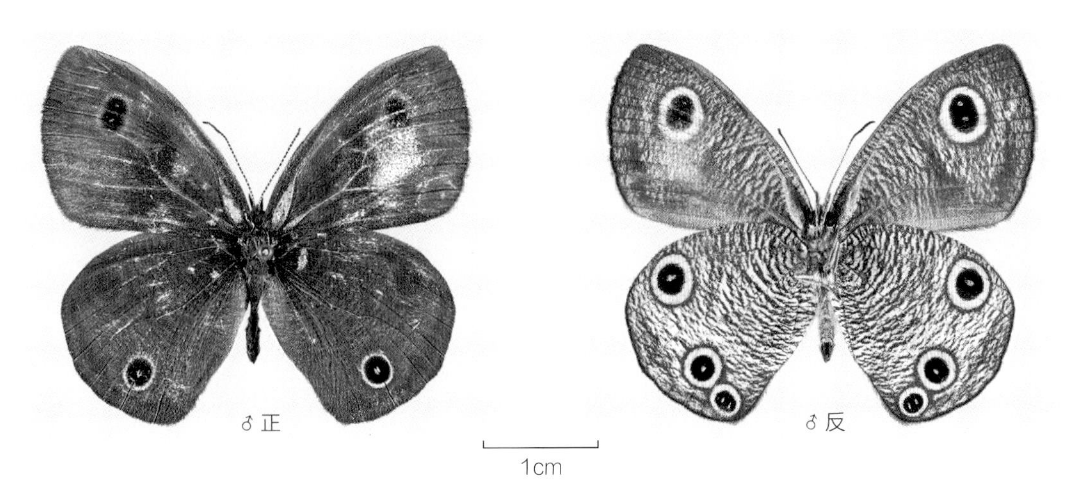

浙江天目山　2018-05-12

密纹矍眼蝶　浙江天目山　2017-09-13

密纹矍眼蝶　浙江天目山　2018-05-29

68. 幽矍眼蝶 *Ypthima conjuncta* Leech, 1891

分布 中国浙江、河南、安徽、福建、江西、湖南、广东、广西、贵州、四川、陕西、台湾等。

发生 6-8 月

浙江天目山 2018-06-11

幽矍眼蝶 浙江余姚市四明山 2018-06-03

古眼蝶属 *Palaeonympha* Burler, 1871

69. 古眼蝶 *Palaeonympha opalina* Butler, 1871

分布 中国浙江、陕西、河南、湖北、江西、四川、台湾等。

发生 5-6 月

浙江天目山 2018-05-13

古眼蝶 浙江龙泉市凤阳山 2018-05-17

古眼蝶 浙江天目山 2018-05-25

喙蝶属 ***Libythea*** **Fabricius, 1807**

70. 朴喙蝶 *Libythea lepita* Moore, [1858]

分布 中国浙江及国内其他各省区；南亚、东南亚。

发生 4–9 月

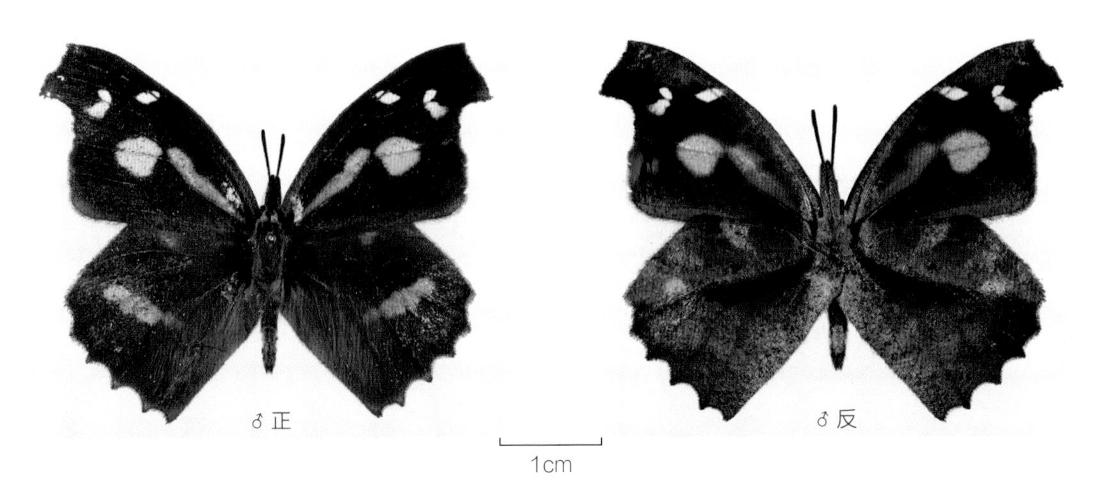

浙江天目山 2017-05-18

朴喙蝶 浙江天目山 2017-05-18

斑蝶属 *Danaus* Kluk, 1780

71. 虎斑蝶 *Danaus genutia* (Cramer, [1779])

分布 中国浙江、河南、江西、湖北、湖南、西藏、四川、贵州、福建、云南、广东、广西、海南、台湾、香港等；东洋区、古北区南缘及澳洲区。

发生 7–10月

浙江天目山　2017-07-28

云南普洱市　2017-08-31

虎斑蝶　浙江台州市中央山　2017-09-16

虎斑蝶　浙江丽水市莲都区　2017-10-26

72. 金斑蝶 *Danaus chrysippus* (Linnaeus, 1758)

分布 中国浙江、陕西、江西、湖北、湖南、西藏、四川、贵州、福建、云南、广东、广西、海南、台湾、香港等；东洋区、古北区南缘、非洲区、澳洲区。

发生 7–8 月

浙江天目山　2016-07-28

云南普洱市　2017-08-31

金斑蝶　浙江台州市中央山　2016-08-30

绢斑蝶属 *Parantica* Moore, [1880]

73. 大绢斑蝶 *Parantica sita* Kollar, [1844]

分布 中国浙江及黄河以南地区，包括台湾和海南等地；菲律宾、印度尼西亚、日本、俄罗斯及喜马拉雅地区、中南半岛、朝鲜半岛等地。

发生 7–8 月

注 《天目山昆虫》(吴鸿等，2001) 文字有记录。

大绢斑蝶　云南普洱市　2017-08-31

绢蛱蝶属 *Calinaga* Moore, 1857

74. 大卫绢蛱蝶 *Calinaga davidis* Oberthür, 1879

分布 中国浙江、河南、陕西、湖北、湖南、四川、重庆、贵州、福建、云南、广东等；印度、缅甸。

发生 4–6 月

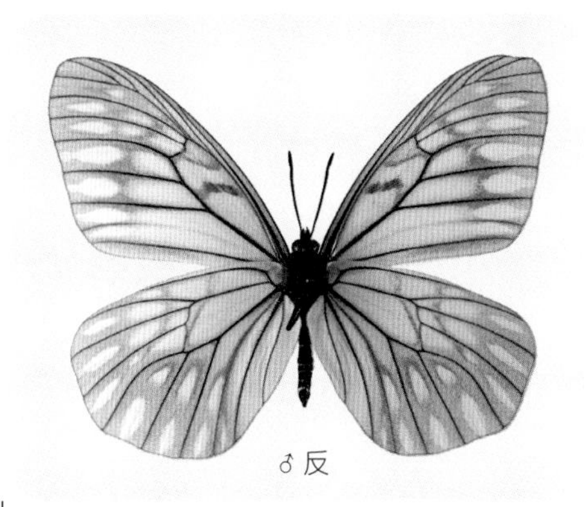

1cm

浙江天目山　2017-05-27

75. 黑绢蛱蝶 *Calinaga lhatso* Oberthür, 1893

分布 中国浙江、陕西、云南、湖北；越南。

发生 4-6 月

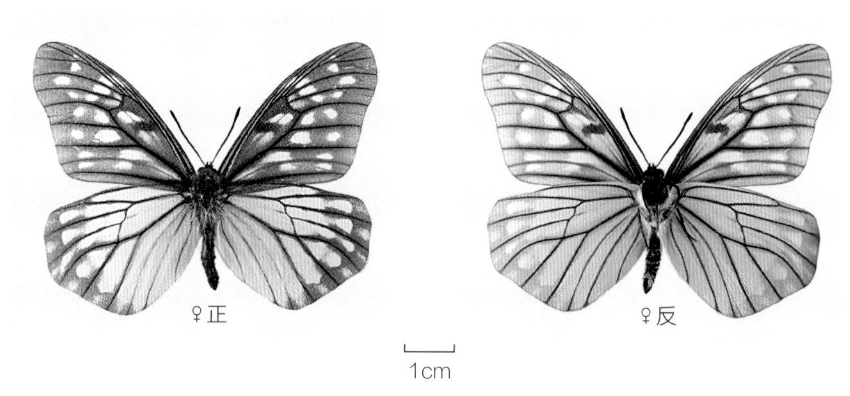

浙江天目山 2017-04-08

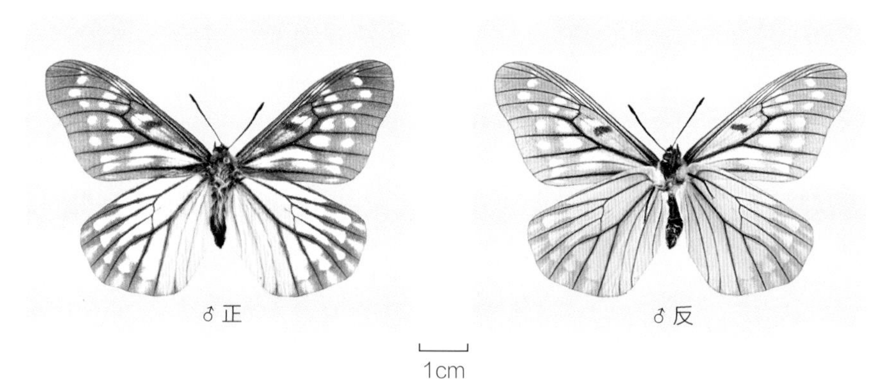

浙江天目山 2018-04-02

黑绢蛱蝶 浙江天目山 2018-04-10

黑绢蛱蝶　浙江天目山　2017-04-08

黑绢蛱蝶　浙江天目山　2018-04-03

箭环蝶属 **Stichophthalma C. & R. Felder, 1862**

76. 箭环蝶 *Stichophthalma howqua* (Westwood, 1851)

分布 中国浙江、安徽、江西、海南、台湾等；越南。

发生 6–8 月

1cm

浙江天目山　2016-06-23

箭环蝶　浙江天目山　2016-06-23　　箭环蝶　浙江天目山　2017-07-28

珍蝶属 *Acraea* Fabricius, 1807

77. 苎麻珍蝶 *Acraea issoria* (Hübner, [1819])

分布 中国浙江及长江以南其他各省区、香港、台湾、云南；泰国、缅甸、越南、老挝、印度、马来西亚、菲律宾等。

发生 4-9 月

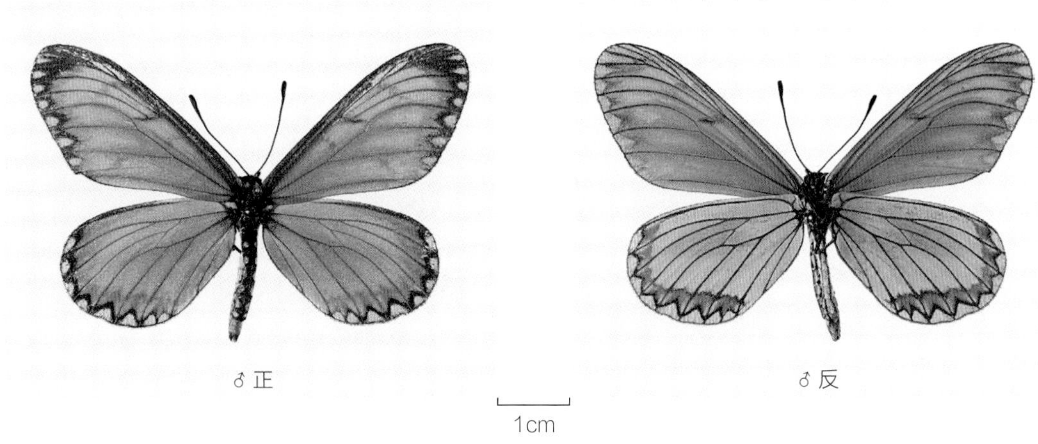

♂正　　♂反

1cm

浙江天目山　2016-05-25

苎麻珍蝶　浙江天目山　2017-05-25

苎麻珍蝶，幼虫　浙江天目山　2018-04-14

苎麻珍蝶，幼虫　浙江天目山　2018-05-24

苎麻珍蝶　浙江天目山　2018-05-25

苎麻珍蝶，蛹（右）浙江天目山　2018-05-24

苎麻珍蝶　浙江天目山　2018-05-27

苎麻珍蝶　浙江天目山　2018-05-26

苎麻珍蝶　浙江天目山　2018-09-05

豹蛱蝶属 *Argynnis* Fabricius, 1807

78. 绿豹蛱蝶 *Argynnis paphia* (Linnaeus, 1758)

分布 中国浙江及国内其他各省区；日本、朝鲜半岛、欧洲、非洲等。

发生 5–9 月

♀正

♀反

1cm

浙江天目山 2017-09-14

♂正

♂反

1cm

浙江天目山 2018-05-13

绿豹蛱蝶
浙江天目山
2018-05-13

绿豹蛱蝶 浙江天目山 2017-05-18

绿豹蛱蝶 浙江天目山 2018-09-05

斐豹蛱蝶属 *Argyreus* Scopoli, 1777

79. 斐豹蛱蝶 *Argyreus hyperbius* (Linnaeus, 1763)

分布 中国浙江及全国其他各省区；日本、菲律宾、印度尼西亚、缅甸、泰国、尼泊尔、孟加拉国、朝鲜半岛、欧洲、非洲、北美洲等。

发生 4–9 月

1cm

浙江天目山　2017-06-26

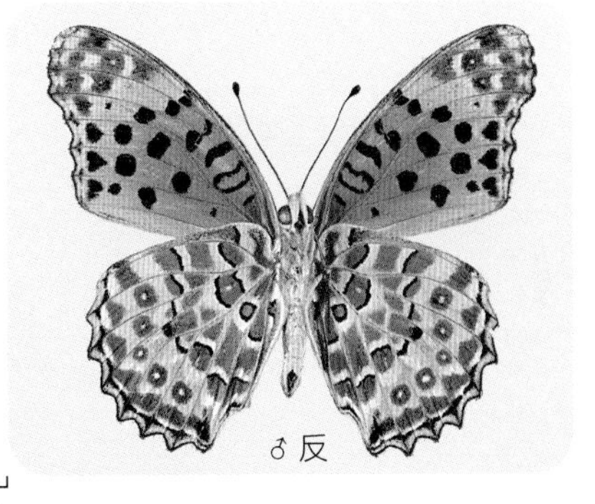

1cm

浙江天目山　2018-09-05

斐豹蛱蝶　浙江台州市中央山　2017-02-16

斐豹蛱蝶　浙江天目山　2018-08-10

斐豹蛱蝶　浙江天目山　2018-09-05

老豹蛱蝶属 *Argyronome* Hübner, 1819

80. 老豹蛱蝶 *Argyronome laodice* Pallas, 1771

分布 中国浙江、黑龙江、新疆、辽宁、河北、河南、陕西、山西、甘肃、青海、西藏、江苏、湖南、湖北、江西、四川、福建、云南、台湾；中亚区、欧洲。

发生 4-9月

浙江天目山　2018-06-12

老豹蛱蝶　浙江天目山　2018-05-29

老豹蛱蝶　浙江天目山　2018-06-08

云豹蛱蝶属 *Nephargynnis* Shirôzu & Saigusa, 1973

81. 云豹蛱蝶 *Nephargynnis anadyomene* (C. & R. Felder, 1862)

分布 中国浙江、黑龙江、吉林、山东、山西、河南、宁夏、湖北、湖南、江西、福建等；日本、俄罗斯、朝鲜半岛等。

发生 4–9 月

浙江天目山　2018-04-29

云豹蛱蝶　浙江天目山　2017-05-18

云豹蛱蝶　浙江丽水市白云山　2017-05-18

青豹蛱蝶属 *Damora* Nordmann, 1851

82. 青豹蛱蝶 *Damora sagana* Doubleday, [1847]

分布 中国浙江、黑龙江、吉林、陕西、河南、福建、广西等；日本、蒙古、俄罗斯、朝鲜半岛等。

发生 5-9 月

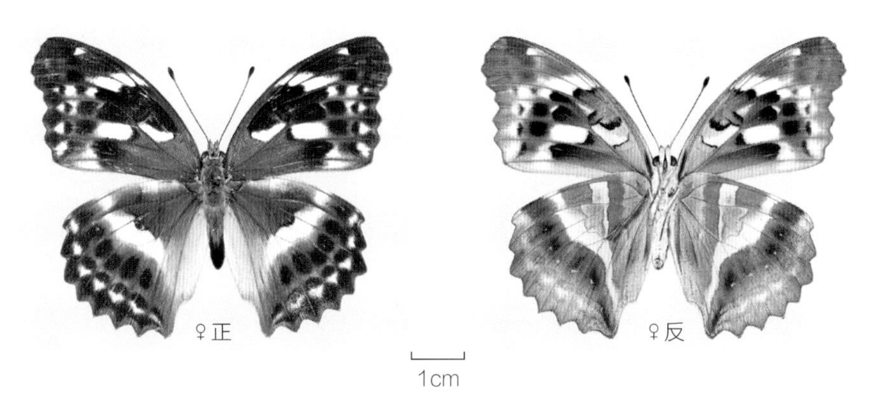

浙江天目山　2018-06-10

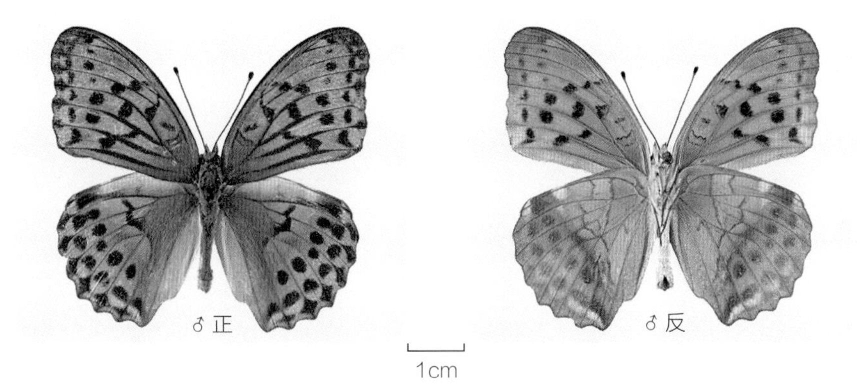

浙江天目山　2017-09-15

青豹蛱蝶　浙江天目山　2018-05-13

青豹蛱蝶　浙江天目山　2017-09-14

青豹蛱蝶　浙江天目山　2018-06-12

枯叶蛱蝶属 *Kallima* Doubleday, [1849]

83. 枯叶蛱蝶 *Kallima inachus* (Doyère, 1840)

分布 中国浙江及秦岭以南除海南以外各省区；缅甸、泰国、喜马拉雅区、中南半岛、琉球群岛等。

发生 4–10 月

注 《天目山昆虫》(吴鸿等，2001) 文字有记录。

云南普洱市 2017-09-09

枯叶蛱蝶 浙江台州市划岩山 2017-04-02

枯叶蛱蝶 浙江台州划市岩山 2018-10-03

斑蛱蝶属 ***Hypolimnas*** **Hübner, [1819]**

84. 幻紫斑蛱蝶 *Hypolimnas bolina* (Linnaeus, 1758)

分布 中国浙江、江西、福建、广东、广西、云南、四川、海南、香港、台湾等；泰国、越南、缅甸、老挝、印度、马来西亚等。

发生 5–9月

♂正

♂反

1cm

浙江天目山　2017-08-28

琉璃蛱蝶属 ***Kaniska*** **Kluk, 1780**

85. 琉璃蛱蝶 *Kaniska canace* (Linnaeus, 1763)

分布 中国浙江、江苏、福建、广东、广西、甘肃、香港等；日本、印度、缅甸、泰国、马来西亚等。

发生 3–10月

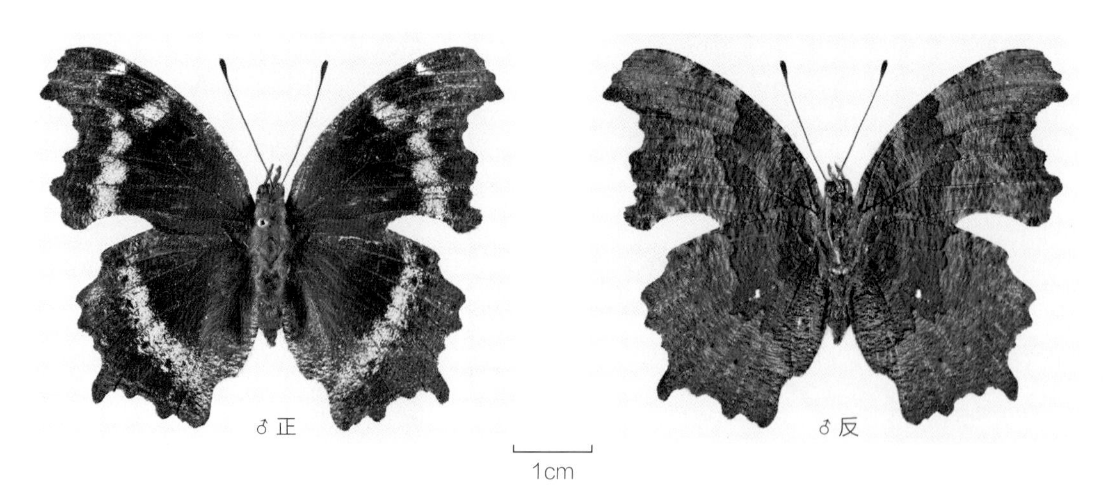

♂正　♂反

1cm

浙江天目山　2018-03-30

琉璃蛱蝶　浙江余姚市四明山　2018-03-30

琉璃蛱蝶　浙江天目山　2017-07-26

琉璃蛱蝶　浙江天目山　2018-06-12

琉璃蛱蝶　浙江天目山　2018-09-23

钩蛱蝶属 *Polygonia* Hübner, [1819]

86. 黄钩蛱蝶 *Polygonia c-aureum* (Linnaeus, 1758)

分布 中国浙江及东北、东南广大地区；俄罗斯、蒙古、越南等。

发生 5-9月

♂正

♂反

1cm

浙江天目山　2018-05-13

黄钩蛱蝶　浙江天目山　2017-05-19

黄钩蛱蝶　浙江天目山　2018-09-06

黄钩蛱蝶　浙江天目山　2018-06-12

红蛱蝶属 *Vanessa* Fabricus, 1807

87. 大红蛱蝶 *Vanessa indica* (Herbst, 1794)

分布 中国浙江及全国其他各省区；亚洲东部、欧洲等。

发生 4-9 月

浙江天目山 2016-07-28

大红蛱蝶
浙江天目山 2018-07-11

大红蛱蝶 浙江天目山 2017-06-26

大红蛱蝶
浙江天目山 2018-09-04

88. 小红蛱蝶 *Vanessa cardui* (Linnaeus, 1758)

分布 中国浙江及全国其他各省区；世界各地。

发生 4–9 月

浙江天目山 2018-09-05

小红蛱蝶 浙江天目山 2017-05-14

小红蛱蝶　浙江台州市中央山　2017-09-16

小红蛱蝶　浙江天目山　2018-09-05

眼蛱蝶属 *Junonia* Hübner, [1819]

89. 美眼蛱蝶 *Junonia almana* (Linnaeus, 1758)

分布 中国浙江，长江以南其他各省区，包括香港、台湾；泰国、越南、缅甸、老挝、马来西亚、柬埔寨、不丹、印度等。

发生 6–10 月

浙江天目山　2018-09-04

浙江天目山　2018-09-15

美眼蛱蝶
浙江天目山　2017-10-22

美眼蛱蝶　浙江天目山　2017-09-13

美眼蛱蝶　浙江天目山　2017-09-14

美眼蛱蝶　浙江天目山　2018-09-05

90. 翠蓝眼蛱蝶 *Junonia orithya* (Linnaeus, 1758)

分布 中国浙江及秦岭以南其他各省区、香港、台湾；泰国、菲律宾、越南、缅甸、老挝、马来西亚、柬埔寨、不丹、印度；非洲、南美洲、北美洲等。

发生 7–10 月

注 《天目山昆虫》（吴鸿等，2001）文字记录种类。

翠蓝眼蛱蝶　浙江丽水市白云山　2009-10-03

蜘蛱蝶属 *Araschnia* Hübner, 1819

91. 曲纹蜘蛱蝶 *Araschnia doris* Leech, [1892]

分布 中国浙江、河南、陕西、江苏、安徽、福建、湖北、江西、湖南、四川、重庆、云南等。

发生 4–9 月

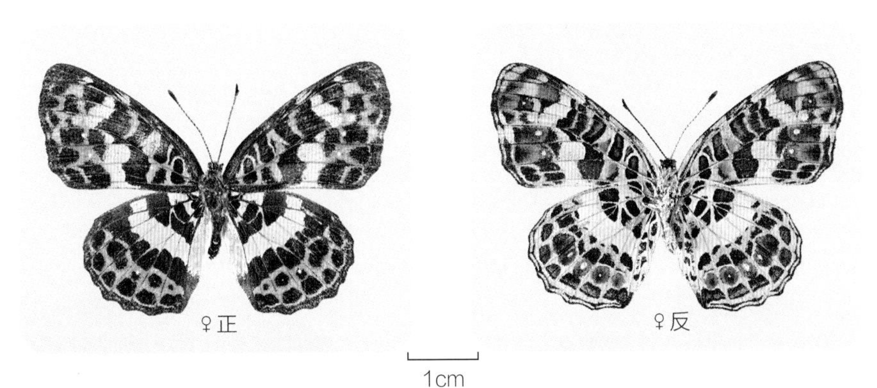

1cm

浙江天目山　2018-09-05

1cm

浙江天目山　2018-04-03

曲纹蜘蛱蝶　浙江天目山　2018-04-07

曲纹蜘蛱蝶　浙江天目山　2018-04-17

曲纹蜘蛱蝶　浙江天目山　2018-06-24

曲纹蜘蛱蝶　浙江天目山　2018-09-04

曲纹蜘蛱蝶　浙江天目山　2018-09-04

曲纹蜘蛱蝶　浙江天目山　2018-09-06

尾蛱蝶属 *Polyura* Billberg, 1820

92. 二尾蛱蝶 *Polyura narcaea* (Hewitson, 1854)

分布 中国浙江、湖北、湖南、四川、贵州、广东、广西、福建、云南、北京、河北、河南、台湾、山东、山西、陕西、甘肃；泰国、越南、缅甸、印度、老挝等。

发生 4–9月

♂正

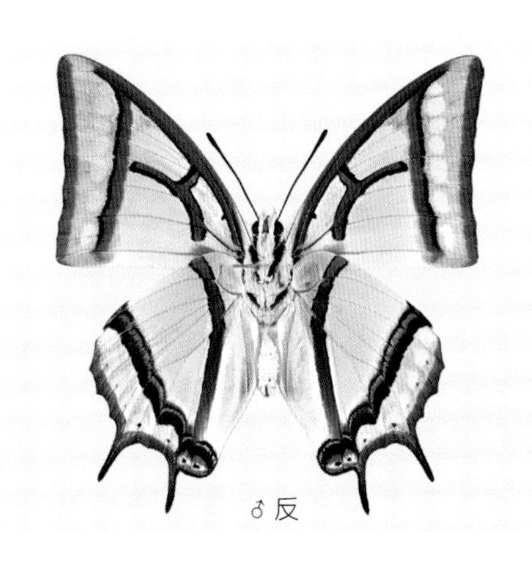

♂反

1cm

浙江天目山 2018-07-11

二尾蛱蝶 浙江丽水市九龙山 2016-07-19

二尾蛱蝶 浙江天目山 2018-04-17

二尾蛱蝶　浙江天目山　2018-07-11

二尾蛱蝶　浙江天目山　2018-07-11

螯蛱蝶属 *Charaxes* Ochsenheimer, 1816

93. 白带螯蛱蝶 *Charaxes bernardus* (Fabricius, 1793)

分布 中国浙江、广东、广西、福建、江西、湖南、香港、海南、四川、云南等；泰国、老挝、印度、缅甸、越南、马来西亚、新加坡、菲律宾等。

发生 4–10 月

注 天目山已监测到本种，但未采集到。

浙江丽水市白云山 2017-08-05

白带螯蛱蝶 浙江台州市中央山 2016-07-24

闪蛱蝶属 *Apatura* Fabricius, 1807

94. 柳紫闪蛱蝶 *Apatura ilia* (Denis & Schiffermuller, 1775)

分布 中国浙江、华北地区、西北地区、东北地区、华中地区、西南地区；欧洲东部、朝鲜半岛等。

发生 6-7 月

浙江丽水市白云山 -2016-08-09

柳紫闪蛱蝶　浙江天目山　2018-05-25

铠蛱蝶属 *Chitoria* Moore, [1896]

95. 栗铠蛱蝶 *Chitoria subcaerulea* (Leech, 1891)

分布 中国浙江、辽宁、福建、台湾、广东、广西、四川、重庆、贵州、云南、西藏等；印度、缅甸、不丹、越南、老挝、朝鲜半岛等。

发生 7–9 月

浙江天目山　2017-07-12

栗铠蛱蝶　浙江天目山　2018-07-09

迷蛱蝶属 *Mimathyma* Moore, [1896]

96. 迷蛱蝶 *Mimathyma chevana* (Moore, [1866])

分布 中国浙江及秦岭以南其他各省区；印度北部、马来半岛区域。

发生 5–9 月

浙江天目山 2016-09-23

迷蛱蝶 浙江天目山 2018-06-12

迷蛱蝶 浙江天目山 2018-06-12

白蛱蝶属 *Helcyra* Felder, 1860

97. 傲白蛱蝶 *Helcyra superba* Leech, 1890

分布 中国浙江、福建、广东、广西、江西、台湾等。

发生 6–8 月

浙江天目山　2017-07-14

傲白蛱蝶　浙江天目山　2018-06-09

98. 银白蛱蝶 *Helcyra subalba* (Poujade, 1885)

分布 中国浙江及秦岭以南其他各省区。

发生 5-8 月

♂正

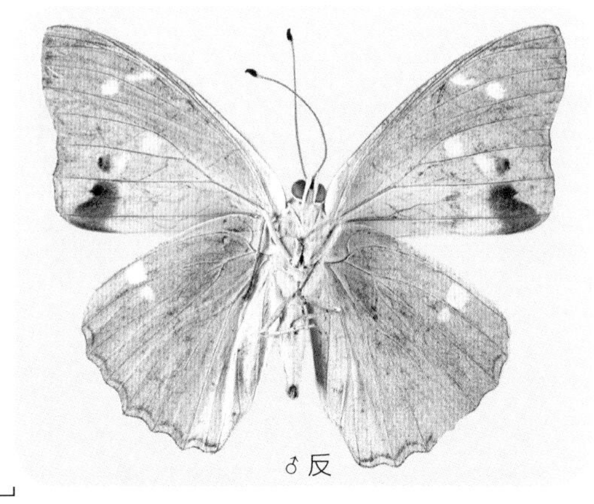

♂反

1cm

浙江天目山 2017-06-30

银白蛱蝶 浙江天目山 2018-05-28

帅蛱蝶属 *Sephisa* Moore, 1882

99. 黄帅蛱蝶 *Sephisa princeps* (Fixsen, 1887)

分布 中国浙江、福建、广东、江西、四川、陕西、河南、黑龙江等。

发生 6–8 月

浙江天目山　2017-06-27

黄帅蛱蝶　浙江天目山　2017-07-19

黄帅蛱蝶
浙江天目山　2018-06-12

黄帅蛱蝶　浙江天目山　2018-06-12

黄帅蛱蝶　浙江天目山　2018-06-12

紫蛱蝶属 *Sasakia* Moore, [1896]

100. 黑紫蛱蝶 *Sasakia funebris* (Leech, 1891)

分布 中国浙江、福建、四川、陕西、甘肃等。

发生 6–8 月

♂正 ♂反

1cm

浙江天目山 2017-07-11

黑紫蛱蝶 浙江天目山 2017-07-18

黑紫蛱蝶 浙江天目山 2018-06-24

101. 大紫蛱蝶 *Sasakia charonda* (Hewitson, 1863)

分布 中国浙江、辽宁、北京、湖北、台湾等；日本、朝鲜半岛等。

发生 5-7 月

浙江天目山 2017-07-11

浙江天目山 2018-07-12

大紫蛱蝶 浙江天目山 2018-05-25

大紫蛱蝶　浙江天目山　2017-07-19

脉蛱蝶属 *Hestina* Westwood, [1850]

102. 黑脉蛱蝶 *Hestina assimilis* (Linnaeus, 1758)

分布 中国浙江、辽宁、山西、陕西、福建、云南、香港等；日本、朝鲜半岛等。

发生 5-9 月

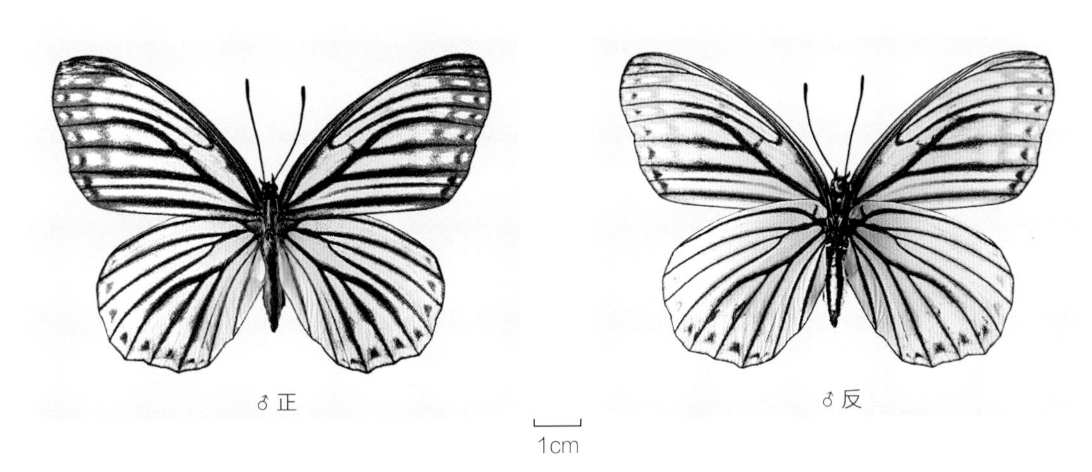

浙江天目山　2017-05-10

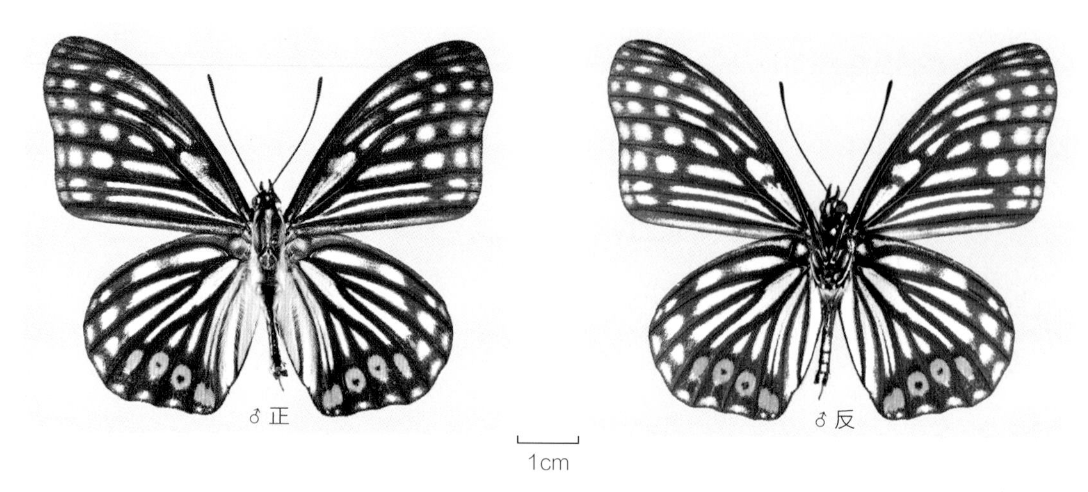

黑脉蛱蝶　浙江天目山　2018-06-12

黑脉蛱蝶　浙江天目山　2018-07-11

黑脉蛱蝶　浙江台州市　2018-08-17

猫蛱蝶属 *Timelaea* Lucas, 1883

103. 白裳猫蛱蝶 *Timelaea albescens* (Oberthür, 1886)

分布 中国浙江、江西、山东、福建、台湾等。

发生 5–9 月

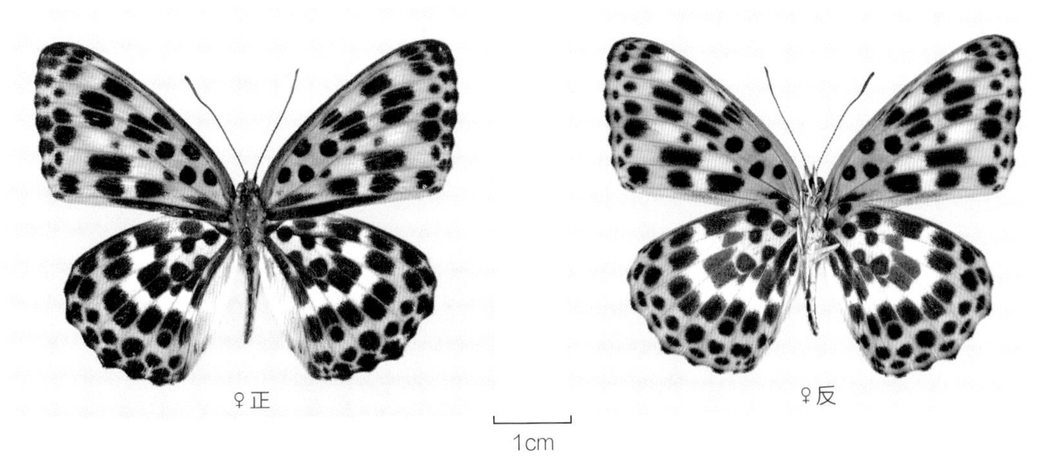

浙江天目山　2018-05-13

白裳猫蛱蝶　浙江天目山　2018-06-10

白裳猫蛱蝶　浙江天目山　2017-05-26

白裳猫蛱蝶　浙江天目山　2018-07-11

104. 猫蛱蝶 *Timelaea maculata* (Bremer & Grey, [1852])

分布 中国浙江、福建、江西、河北、河南、甘肃、湖北等。

发生 5–9 月

猫蛱蝶　浙江天目山　2017-05-21

猫蛱蝶　浙江天目山　2017-05-21

窗蛱蝶属 *Dilipa* Moore, 1857

105. 明窗蛱蝶 *Dilipa fenestra* (Leech, 1891)

分布 中国浙江、辽宁、河北、北京、陕西、山西、河南、湖北等；朝鲜半岛等。

发生 3–5 月

♂正

♂反

1cm

浙江天目山 2018-04-03

明窗蛱蝶 浙江天目山 2018-04-01

明窗蛱蝶

浙江天目山 2018-04-03

明窗蛱蝶

浙江天目山 2018-04-03

饰蛱蝶属 *Stibochiona* Butler, [1869]

106. 素饰蛱蝶 *Stibochiona nicea* (Gray, 1846)

分布 中国浙江、广东、海南、广西、福建、云南、江西、四川、西藏等；泰国、尼泊尔、不丹、马来西亚、越南、老挝、缅甸、印度等。

发生 4–9 月

浙江天目山　2018-09-06

素饰蛱蝶　浙江龙泉市凤阳山
2017-07-20

素饰蛱蝶　浙江天目山　2018-04-18

电蛱蝶属 *Dichorragia* Butler, [1869]

107. 电蛱蝶 *Dichorragia nesimachus* (Doyère, [1840])

分布 中国浙江、湖南、四川、海南、台湾、香港等；日本、越南、印度、朝鲜半岛等。

发生 4-9月

浙江天目山　2017-09-15

电蛱蝶　浙江天目山　2017-05-18

蛇蛱蝶属 *Chalinga* Fabricius, 1807

108. 锦瑟蛱蝶 *Chalinga pratti* (Leech, 1890)

分布 中国浙江、陕西、四川、甘肃、湖北、吉林、广西等。

发生 6–8 月

♀正

♀反

1cm

浙江天目山　2017-06-08

翠蛱蝶属 *Euthalia* Hübner, [1819]

109. 华东翠蛱蝶 *Euthalia rickettsi* Hall, 1930

分布 中国浙江、安徽、福建等。

发生 6–9 月

♂正

♂反

1cm

浙江天目山　2018-06-09

华东翠蛱蝶　浙江天目山　2016-06-23

华东翠蛱蝶
浙江天目山　2018-06-09

华东翠蛱蝶　浙江天目山　2017-07-19

110. 太平翠蛱蝶 *Euthalia pacifica* Mell, 1935

分布 中国浙江、福建、江西、湖北、四川、重庆、广西、广东等。

发生 7–8 月

浙江天目山　2017-07-12

浙江天目山　2017-07-13

太平翠蛱蝶　浙江天目山　2018-07-05

太平翠蛱蝶　浙江天目山　2018-07-05

太平翠蛱蝶　浙江天目山　2018-07-06

111. 珀翠蛱蝶 *Euthalia pratti* Leech, 1891

分布 中国浙江、福建、江西、湖北、四川、重庆、安徽、湖南、甘肃、云南等。

发生 7–9 月

浙江天目山 2018-07-11

珀翠蛱蝶 浙江天目山 2018-06-12

珀翠蛱蝶　浙江天目山　2018-07-10

珀翠蛱蝶　浙江天目山　2018-07-11

112. 黄翅翠蛱蝶 *Euthalia kosempona* Fruhstorfer, 1908

分布 中国浙江、福建、广东、江西、湖南、台湾、云南、四川、湖北等。

发生 6–9 月

♂正

♂反

1cm

浙江天目山 2017-07-01

113. 拟鹰翠蛱蝶 *Euthalia yao* Yoshino, 1997

分布 中国浙江、福建、广东、广西、海南、云南、四川、湖北等。

发生 6–9 月

♂正

♂反

1cm

浙江天目山 2016-09-23

114. 明带翠蛱蝶 *Euthalia yasuyukii* Yoshino, 1998

分布 中国浙江、安徽、福建、广东、广西等。

发生 6-9 月

♀正

♀反

1cm

浙江天目山 2016-06-23

线蛱蝶属 *Limenitis* Fabricius, 1807

115. 残锷线蛱蝶 *Limenitis sulpitia* (Cramer, 1779)

分布 中国浙江、海南、广东、广西、湖北、江西、福建、河南、台湾、四川、香港等；越南、缅甸、印度等。

发生 5-10 月

♂正

♂反

1cm

浙江天目山 2017-05-10

残锷线蛱蝶　浙江天目山　2017-05-09

残锷线蛱蝶　浙江天目山　2017-10-13

116. 扬眉线蛱蝶 *Limenitis helmanni* Lederer, 1853

分布 中国浙江、黑龙江、河北、北京；日本、俄罗斯、朝鲜半岛等。

发生 5–9 月

浙江天目山　2016-09-24

扬眉线蛱蝶　浙江天目山　2018-05-16

117. 断眉线蛱蝶 *Limenitis doerriesi* Staudinger, 1892

分布 中国浙江、黑龙江、吉林、辽宁、河北、河南、云南等；俄罗斯、朝鲜半岛。

发生 5-9 月

浙江天目山　2016-06-27

断眉线蛱蝶　浙江天目山　2017-05-13

118. 折线蛱蝶 *Limenitis sydyi* Lederer, 1853

分布 中国浙江、黑龙江、吉林、辽宁、内蒙古自治区（以下简称内蒙古）、山西、河北、北京、河南、陕西、甘肃、宁夏、新疆维吾尔自治区（以下简称新疆）、湖北、江西、四川、云南；蒙古、俄罗斯、朝鲜半岛等。

发生 5–7 月

浙江天目山　2018-06-12

折线蛱蝶　浙江天目山　2018-07-06

带蛱蝶属 *Athyma* Westwood, [1850]

119. 幸福带蛱蝶 *Athyma fortuna* Leech, 1889

分布 中国浙江、广东、福建、河南、陕西、江西、台湾等；泰国、老挝、越南等。

发生 5-8 月

浙江天目山 2018-05-13

幸福带蛱蝶
浙江天目山 2018-05-28

幸福带蛱蝶 浙江天目山 2018-05-13

幸福带蛱蝶　浙江天目山　2018-06-01

120. 珠履带蛱蝶 *Athyma asura* Moore, [1858]

分布 中国浙江、广东、广西、福建、湖南、江西、四川、海南、台湾、西藏；老挝、印度、印度尼西亚、缅甸、尼泊尔等。

发生 5–8 月

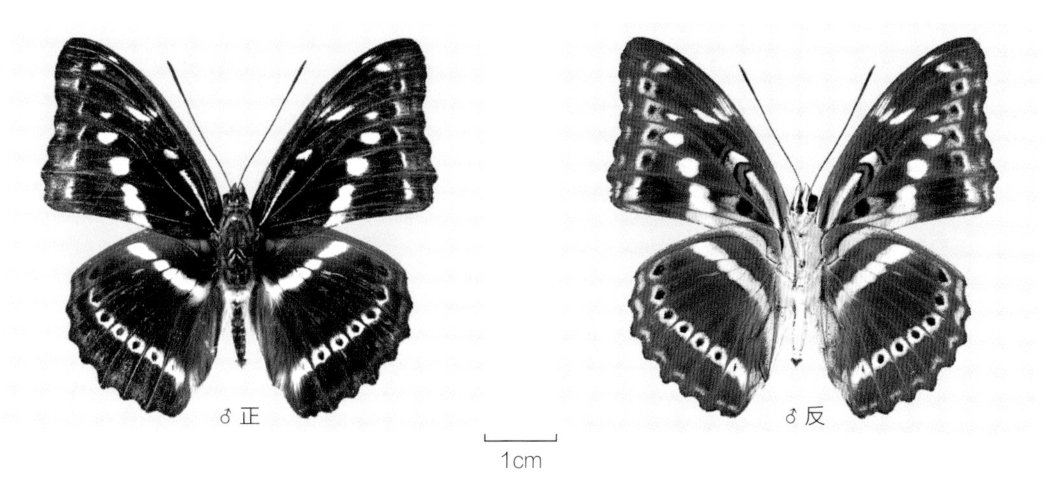

浙江天目山　2018-08-15

121. 孤斑带蛱蝶 *Athyma zeroca* Moore, 1872

分布 中国浙江、广东、广西、福建、湖南、江西、海南等；泰国、老挝、印度、缅甸、尼泊尔等。

发生 8-9月

注 天目山已监测到本种，但未采集到标本。

孤斑带蛱蝶　浙江台州市仙居县　2018-08-21

122. 新月带蛱蝶 *Athyma selenophora*（Kollar, [1844]）

分布 中国浙江、广东、广西、福建、湖南、江西、云南、四川、海南、台湾等地；泰国、老挝、越南、马来西亚、印度、缅甸、尼泊尔、不丹等地。

发生 5-11月

注 天目山已监测到本种，但未采集标本。

浙江开化县古田山　2017-08-25

123. 玉杵带蛱蝶 *Athyma jina* Moore, [1858]

分布 中国浙江、广东、广西、福建、湖南、江西、台湾、云南等；老挝、印度、缅甸、尼泊尔等。

发生 4–9 月

浙江天目山 2016-09-23

玉杵带蛱蝶 浙江台州市仙居县 2018-06-16

124. 东方带蛱蝶 *Athyma orientalis* Elwes, 1888

分布 中国浙江及长江以南其他各省区；印度、越南、老挝等。

发生 4–9月

浙江天目山 2018-09-05

东方带蛱蝶
浙江天目山 2017-07-19

东方带蛱蝶
浙江天目山 2017-07-27

东方带蛱蝶 浙江天目山 2018-09-05

125. 虬眉带蛱蝶 *Athyma opalina* (Kollar, [1844])

分布 中国浙江、广东、福建、云南、陕西、四川、台湾；泰国、印度、老挝、越南等。

发生 7–9 月

浙江龙泉市凤阳山 2017-05-18

虬眉带蛱蝶 浙江天目山 2016-07-28

环蛱蝶属 *Neptis* Fabricius, 1807

126. 小环蛱蝶 *Neptis sappho* (Pallas, 1771)

分布 中国浙江、黑龙江、辽宁、北京、山东、河南、四川、福建、台湾、广东、广西、云南等；日本、印度、泰国、越南、朝鲜半岛、欧洲等。

发生 4–9月

♀正　♀反

1cm

浙江余姚市四明山　2018-09-15

♂正　♂反

1cm

浙江天目山　2018-06-09

小环蛱蝶　浙江天目山　2018-04-02

小环蛱蝶　浙江天目山　2018-04-18

小环蛱蝶　浙江天目山　2018-08-09

127. 中环蛱蝶 *Neptis hylas* (Linnaeus, 1758)

分布 中国浙江、河南、陕西、湖北、江西、福建、台湾、广东、海南、广西、四川、重庆、云南、西藏、香港等；印度、缅甸、越南、老挝、马来西亚、泰国、印度尼西亚等。

发生 5–9 月

注 天目山已监测到本种，但标本翅面破损严重。

浙江龙泉市凤阳山　2018-09-09

128. 耶环蛱蝶 *Neptis yerburii* Butler, 1886

分布 中国浙江、陕西、湖北、安徽、江西、福建、四川、重庆、西藏等；印度、缅甸、巴基斯坦、泰国等。

发生 4–10 月

浙江天目山 2018-09-06

129. 娑环蛱蝶 *Neptis soma* Moore, 1857

分布 中国浙江、四川、西藏、云南、福建、海南、广东、广西、重庆、贵州、香港等；印度、缅甸、泰国、老挝、越南、马来西亚、菲律宾、印度尼西亚等。

发生 4–10 月

浙江天目山 2016-07-26

130. 阿环蛱蝶 *Neptis ananta* Moore, 1857

分布 中国浙江、安徽、江西、福建、广东、海南、广西、云南、西藏等；印度、尼泊尔、不丹、缅甸、泰国、老挝、越南等。

发生 5–9月

浙江天目山　2018-05-12

阿环蛱蝶　浙江天目山　2017-07-28

131. 链环蛱蝶 *Neptis pryeri* Butler, 1871

分布 中国浙江、吉林、河南、山西、上海、安徽、湖北、江西、福建、台湾、重庆、贵州等；日本、朝鲜半岛。

发生 5-9 月

注 天目山已监测到本种，但标本破损。

浙江余姚市四明山　2018-06-03

链环蛱蝶　浙江余姚市四明山　2018-06-02

链环蛱蝶　浙江余姚市四明山　2018-06-03

132. 啡环蛱蝶 *Neptis philyra* Ménétriès, 1859

分布 中国浙江、黑龙江、吉林、辽宁、河南、安徽、陕西、湖北、重庆、台湾、西藏、云南等；日本、俄罗斯、老挝、越南、朝鲜半岛等。

发生 5–7月

浙江天目山 2017-05-13

啡环蛱蝶 浙江天目山 2017-05-20

133. 重环蛱蝶 *Neptis alwina* (Bremer & Grey, 1852)

分布 中国浙江、黑龙江、吉林、辽宁、内蒙古、北京、河北、河南、陕西、山西、甘肃、青海、四川、湖南、湖北、云南、西藏等；俄罗斯、蒙古、朝鲜半岛、日本等。

发生 5–7月

浙江天目山　2016-05-25

重环蛱蝶　浙江天目山　2018-05-25

134. 黄环蛱蝶 *Neptis themis* Leech, 1890

分布 中国浙江、北京、河北、陕西、甘肃、四川、湖北、湖南、云南、西藏等；越南。

发生 6–8 月

浙江天目山　2017-07-13

135. 珂环蛱蝶 *Neptis clinia* Moore,1872

分布 中国浙江、四川、西藏、云南、福建、海南、广东、广西、重庆、贵州、香港等；印度、缅甸、泰国、老挝、越南、马来西亚、菲律宾、印度尼西亚等。

发生 4–10 月

浙江天目山　2018-05-13

136. 玛环蛱蝶 *Neptis manasa* Moore, 1857

分布 中国浙江、安徽、湖北、福建、湖南、广西、海南、四川、重庆、云南、西藏等；印度、尼泊尔、缅甸、泰国、老挝、越南等。

发生 5-7月

浙江天目山　2017-05-11

玛环蛱蝶　浙江天目山　2018-05-12

137. 司环蛱蝶 *Neptis speyeri* Staudinger, 1887

分布 中国浙江、黑龙江、吉林、辽宁、福建、广西、贵州、云南；俄罗斯、越南、朝鲜半岛等。

发生 5-7 月

司环蛱蝶　浙江天目山　2018-05-09

138. 羚环蛱蝶 *Neptis antilope* Leech, 1890

分布 中国浙江、河北、河南、陕西、山西、四川、重庆、福建、广东、湖北、湖南、云南等；越南。

发生 5-7 月

浙江天目山　2018-06-12

羚环蛱蝶　浙江天目山　2018-05-09

羚环蛱蝶　浙江天目山　2018-06-03

139. 断环蛱蝶 *Neptis sankara* Kollar, 1844

分布 中国浙江、江西、福建、台湾、广东、广西、湖北、湖南、云南、四川、甘肃、西藏等；印度、尼泊尔、缅甸、泰国、老挝、越南、马来西亚、印度尼西亚等。

发生 5-7 月

浙江天目山　2018-09-05

断环蛱蝶　浙江天目山　2016-09-22

140. 伊洛环蛱蝶 *Neptis ilos* Fruhstorfer, 1909

分布 中国浙江、黑龙江、吉林、辽宁、北京、河北、陕西、山西、甘肃、湖北、湖南、福建、四川、云南等；俄罗斯、朝鲜半岛。

发生 6–8月

浙江天目山 2018-07-12

伊洛环蛱蝶 浙江天目山 2018-07-12

141. 莲花环蛱蝶 *Neptis hesione* Leech, 1890

分布 中国浙江、福建、台湾、四川、湖北等。

发生 5–8 月

浙江天目山 2018-09-06

莲花环蛱蝶 浙江天目山 2018-09-04

灰蝶科

Lycaenidae

灰蝶科

鉴别特征：成虫体型小型，极少数为中型；翅背面通常具红色、橙色、蓝色、绿色、紫色、翠色、古铜色等颜色斑纹，颜色单纯而具光泽；翅腹面图案和颜色与背面不同，是分类上的重要特征；后翅有时具1~3个尾突。主要识别特征：① 触角与复眼外缘相连；② 触角上通常具白环，复眼周围具一圈白色鳞片；③ 幼虫蛞蝓状，前胸无翻缩腺。世界已知6 700余种，中国记载600余种，浙江天目山记载36属53种。其中，蝴蝶标本照102张，生态照98张。

分布：世界各地。

主要寄主植物：桦木科 Betulaceae、杜鹃花科 Ericaceae、豆科 Fabaceae、壳斗科 Fagaceae、胡桃科 Juglandaceae、木犀科 Oleaceae、鼠李科 Rhamnaceae、蔷薇科 Rosaceae、茜草科 Rubiaceae 等。

褐蚬蝶属 *Abisara* C. & R. Felder, 1860

142. 白点褐蚬蝶 *Abisara burnii* (de Nicéville, 1895)

分布 中国浙江、四川、广东、广西、福建、海南、台湾等；缅甸、泰国、印度东北部及中南半岛。

发生 4–9 月

浙江天目山　2018-09-05

白点褐蚬蝶　浙江天目山　2018-06-12

143. 黄带褐蚬蝶 *Abisara fylla* (Westwood, 1851)

分布 中国浙江、云南、四川、广西、广东、福建、西藏、海南；缅甸、泰国、印度东北部、中南半岛等。

发生 4–9 月

注 《天目山昆虫》(吴鸿等，2001) 文字记录种类。

黄带褐蚬蝶　广东韶关市南水湖　2018-10-17

144. 白带褐蚬蝶 *Abisara fylloides* (Westwood, 1851)

分布 中国浙江、云南、四川、贵州、江西、福建、广东、广西。

发生 4–9 月

浙江天目山　2018-06-09

白带褐蚬蝶　浙江天目山　2017-07-27

白带褐蚬蝶　浙江天目山　2018-04-06

白带褐蚬蝶　浙江天目山　2018-06-23

白带褐蚬蝶　浙江天目山　2018-09-05

波蚬蝶属 *Zemeros* Boisduval, [1836]

145. 波蚬蝶 *Zemeros flegyas* (Cramer, [1780])

分布 中国浙江、福建、江西、湖南、广东、广西、海南、四川、重庆、贵州、云南、西藏、香港等；印度、缅甸、泰国、老挝、越南、马来西亚、印度尼西亚等。

发生 6-8 月

注 天目山已监测到本种，但未采集到标本。

浙江江山市仙霞岭　2017-08-31

波蚬蝶
浙江台州市中央山
2018-06-17

波蚬蝶　浙江丽水市景宁县　2017-07-01

蚜灰蝶属 ***Taraka*** **(Druce, 1875)**

146. 蚜灰蝶 *Taraka hamada* Druce, 1875

分布 中国浙江及除西北干燥带及西藏高寒带之外的大部分地区；日本、朝鲜半岛、印度北部、喜马拉雅山区、华莱士线及西至东南亚等。

发生 4–9 月

浙江天目山 2018-06-10

蚜灰蝶
浙江余姚市四明山
2018-09-15

蚜灰蝶 浙江台州市划岩山 2018-08-31

银灰蝶属 *Curetis* Hübner, [1819]

147. 尖翅银灰蝶 *Curetis acuta* Moore, 1877

分布 中国浙江、河南、湖北、湖南、上海、四川、江西、福建、广东、广西、海南、台湾、香港等；日本、印度、缅甸、泰国、老挝、越南等。

发生 4–9月

浙江天目山 2017-05-21

尖翅银灰蝶 浙江天目山 2017-09-15

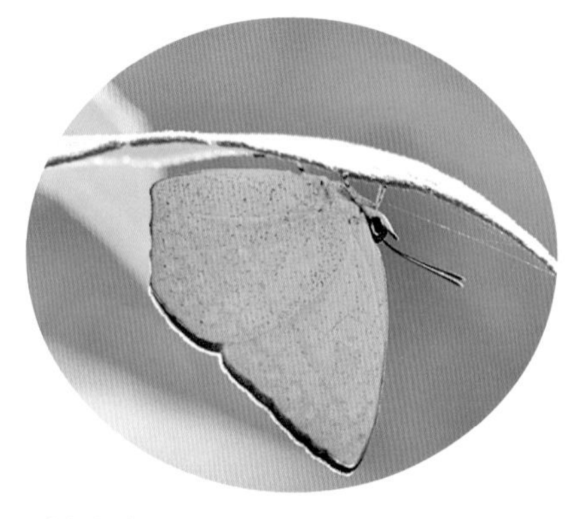

尖翅银灰蝶 浙江天目山 2018-08-09

尖翅银灰蝶 浙江天目山 2018-09-24

赭灰蝶属 *Ussuria* [Tutt, 1907]

148. 范赭灰蝶 *Ussuria fani* Koiwaya, 1993

分布 中国浙江、陕西、河南、四川等。

发生 5–8 月

浙江天目山　2017-05-26

范赭灰蝶　浙江天目山　2018-06-02

范赭灰蝶　浙江天目山　2018-05-30

工灰蝶属 *Gonerilia* Shirôzu & Yamamoto, 1956

149. 工灰蝶 *Gonerilia seraphim* (Oberthür, 1886)

分布 中国浙江、陕西、四川、云南等。

发生 6-7 月

浙江天目山　2018-06-12

工灰蝶　浙江天目山　2018-07-05

珂灰蝶属 *Cordelia* Shirôzu & Yamamoto, 1956

150. 珂灰蝶 *Cordelia comes* (Oberthür, 1886)

分布 中国浙江、湖北、贵州、四川、广东、台湾等。

发生 7月

珂灰蝶　浙江天目山　2018-07-08

青灰蝶属 *Antigius* Sibatani & Ito, 1942

151. 巴青灰蝶 *Antigius butleri* (Fenton, [1882])

分布 中国浙江、黑龙江、吉林、辽宁、四川、云南、广东等；俄罗斯、日本和朝鲜半岛。

发生 5-7月

浙江天目山　2018-07-11

癞灰蝶属 *Araragi* Sibatani & Ito, 1942

152. 杉山癞灰蝶 *Araragi sugiyamai* Matsui, 1989

分布 中国浙江、甘肃、四川。

发生 6–7 月

杉山癞灰蝶　浙江天目山　2018-07-11

杉山癞灰蝶　浙江天目山　2018-07-14

华灰蝶属 *Wagimo* Sibatani & Ito, 1942

153. 浅蓝华灰蝶 *Wagimo asanoi* Koiwaya, 1999

分布 中国浙江、四川、福建等。

发生 6–7月

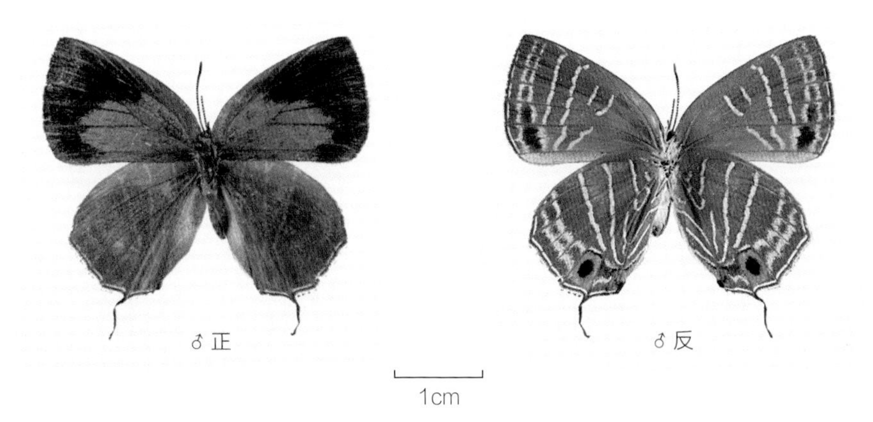

浙江天目山 2017-07-28

浅蓝华灰蝶 浙江天目山 2018-07-08

冷灰蝶属 *Ravenna* Shirôzu & Yamamoto, 1956

154. 冷灰蝶 *Ravenna nivea* (Nire, 1920)

分布 中国浙江、福建、广东、贵州、四川、江西、台湾；越南。

发生 5–6 月

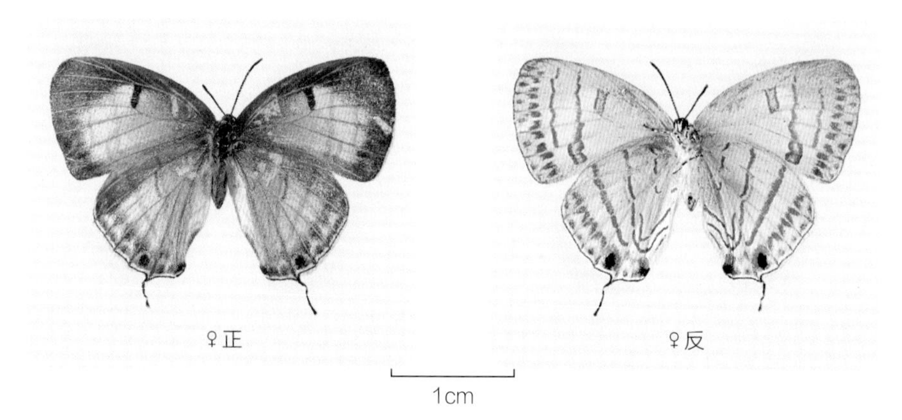

浙江天目山　2016-05-25

冷灰蝶　浙江天目山　2018-05-16

璐灰蝶属 *Leucantigius* Shirôzu & Murayama, 1951

155. 璐灰蝶 *Leucantigius atayalicus* (Shirôzu & Murayama, 1943)

分布 中国浙江；东洋区。

发生 5-6 月

璐灰蝶 浙江天目山 2018-05-24

铁灰蝶属 *Teratozephyrus* Sibatani, 1946

156. 阿里山铁灰蝶 *Teratozephyrus arisanus* (Wileman, 1909)

分布 中国浙江、四川、台湾、云南、江西等；缅甸。

发生 5-6 月

♂正

♂反

1cm

浙江天目山 2018-06-11

阿里山铁灰蝶　浙江天目山　2017-06-17

阿里山铁灰蝶　浙江天目山　2018-05-16

金灰蝶属 *Chrysozephyrus* Shirôzu & Yamamoto, 1956

157. 闪光金灰蝶 *Chrysozephyrus scintillans* (Leech, 1893)

分布 中国浙江、四川、贵州、福建、广东、广西、海南等；越南。

发生 5–6月

浙江天目山　2018-05-24

浙江天目山　2018-06-11

闪光金灰蝶　浙江天目山　2018-07-06

闪光金灰蝶　浙江天目山　2018-05-24

闪光金灰蝶　浙江天目山　2018-06-02

艳灰蝶属 *Favonius* Sibatani & Ito, 1942

158. 里奇艳灰蝶 *Favonius leechi* (Riley, 1939)

分布 中国浙江、陕西、湖北、四川、重庆、云南等。

发生 5–9 月

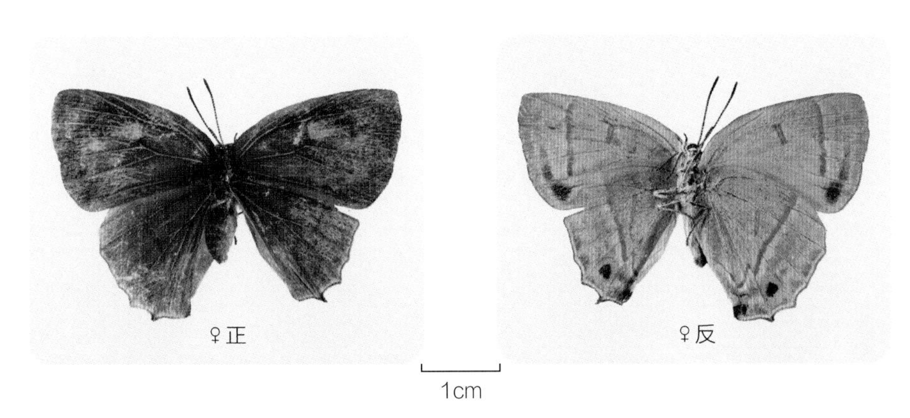

浙江天目山 2016-08-25

娆灰蝶属 *Arhopala* Boisduval, 1832

159. 百娆灰蝶 *Arhopala bazalus* (Hewitson, [1862])

分布 中国浙江、云南、福建、江西、广东、广西、海南、台湾、香港等地；缅甸、泰国、马来西亚、印度尼西亚、日本、印度东北部及中南半岛。

发生 5–9 月

浙江天目山 2018-09-05

160. 齿翅娆灰蝶 *Arhopala rama* (Kollar, [1844])

分布 中国浙江、云南、四川、江西、福建、广东、广西、香港等；喜马拉雅地区、缅甸、泰国、中南半岛等。

发生 6月、9月

浙江余姚市四明山 2018-07-24

齿翅娆灰蝶 浙江天目山 2018-10-06

玛灰蝶属 *Mahathala* Moore, 1878

161. 玛灰蝶 *Mahathala ameria* Hewitson, 1862

分布 福建、广东、海南、台湾、广西等；印度、缅甸、泰国、老挝、越南、马来西亚、印度尼西亚等。

发生 5-9 月

浙江天目山　2018-09-06

玛灰蝶　浙江台州市划岩山　2018-08-10

玛灰蝶　浙江天目山　2018-09-06

丫灰蝶属 *Amblopala* Leech, [1893]

162. 丫灰蝶 *Amblopala avidiena* (Hewitson, 1877)

分布 中国浙江、河南、陕西、安徽、江苏、福建、台湾等；尼泊尔。

发生 4月

丫灰蝶　浙江天目山　2018-04-09

玳灰蝶属 *Deudorix* Hewitson, [1863]

163. 深山玳灰蝶 *Deudorix sylvana* Oberthür, 1914

分布 中国浙江、云南、重庆、陕西、河南、湖北等。

发生 7–9月

深山玳灰蝶　浙江天目山　2018-07-08

164. 淡黑玳灰蝶 *Deudorix rapaloides* (Naritomi, 1941)

分布 中国浙江、陕西、湖南、江西、安徽、广东、广西、福建及台湾；老挝、越南。

发生 7-9 月

注 天目山已监测到本种，但标本翅面破损严重。

浙江余姚市四明山 2018-09-15

淡黑玳灰蝶 浙江台州市天台山 2018-07-20

绿灰蝶属 *Artipe* Boisduval, 1870

165. 绿灰蝶 *Artipe eryx* Linnaeus, 1771

分布 中国浙江、江西、福建、广东、台湾、海南、广西、贵州、云南、四川、香港等；印度、缅甸、泰国、老挝、越南、马来西亚、印度尼西亚等。

发生 4–10 月

注 天目山已监测到本种，但标本破损。

浙江开化县古田山　2017-08-25

绿灰蝶　浙江台州市中央山　2018-08-01

绿灰蝶　浙江台州市中央山　2018-10-06

燕灰蝶属 ***Rapala*** **Moore, [1881]**

166. 暗翅燕灰蝶 *Rapala subpurpurea* Leech, 1890

分布 中国浙江、四川、贵州等。

发生 4–8 月

浙江天目山 2018-07-13

暗翅燕灰蝶 浙江天目山 2018-08-11

167. 东亚燕灰蝶 *Rapala micans* (Bremer & Grey, 1853)

分布 中国浙江、北京、湖北、四川、云南；印度、尼泊尔、泰国、马来西亚、印度尼西亚等。

发生 4–8 月

浙江龙泉市凤阳山　2018-07-08

浙江天目山　2018-07-11

浙江天目山　2018-03-29

东亚燕灰蝶　浙江天目山　2017-07-26

东亚燕灰蝶　浙江天目山　2018-04-08

168. 蓝燕灰蝶 *Rapala caerulea* Bremer & Grey, 1852

分布 中国浙江、河北、北京、甘肃、四川、重庆、陕西、福建、台湾等；朝鲜半岛等。

发生 3-9 月

浙江天目山　2018-07-12

生灰蝶属 *Sinthusa* Moore, 1884

169. 生灰蝶 *Sinthusa chandrana* (Moore, 1882)

分布 中国浙江、云南、四川、广西、广东、福建、江西、海南、台湾、香港；喜马拉雅地区、缅甸、泰国、中南半岛等。

发生 3-9 月

浙江天目山　2018-05-28

生灰蝶　浙江天目山　2018-06-01

生灰蝶　浙江台州市划岩山　2018-08-10

170. 浙江生灰蝶 *Sinthusa zhejiangensis* Yoshino, 1995

分布 中国浙江、广东、福建等。

发生 4–5 月

浙江天目山 2018-04-06

梳灰蝶属 *Ahlbergia* Bryk, 1946

171. 南岭梳灰蝶 *Ahlbergia dongyui* Huang & Zhan, 2006

分布 中国浙江、广东、江苏。

发生 4–5 月

浙江天目山 2018-04-10

南岭梳灰蝶　浙江天目山　2018-04-10

南岭梳灰蝶　浙江天目山　2018-04-19

172. 李老梳灰蝶 *Ahlbergia leechuanlungi* Huang & Chen, 2005

分布 中国浙江、江苏、福建等。

发生 4月

浙江天目山 2018-04-19

李老梳灰蝶 浙江天目山 2018-04-19

酒灰蝶属 *Satyrium* Scudder, 1897

173. 大洒灰蝶 *Satyrium grandis* (Felder & Felder, 1862)

分布 中国浙江、江苏、河南、福建等。

发生 5-7 月

浙江天目山 2017-05-26

大洒灰蝶 浙江天目山 2018-05-24

174. 饰洒灰蝶 *Satyrium ornate* (Leech, 1890)

分布 中国浙江、北京、黑龙江、吉林、河北、河南、陕西等。

发生 5-7 月

浙江天目山 2018-06-11

饰洒灰蝶 浙江天目山 2018-05-23

饰洒灰蝶　浙江天目山　2018-05-25

饰洒灰蝶　浙江天目山　2018-06-11

175. 天目洒灰蝶 *Satyrium tamikoae* (Koiwaya, 2002)

分布 中国浙江、广东等。

发生 5-6 月

浙江天目山 2018-06-11

天目洒灰蝶
浙江天目山
2018-05-28

天目洒灰蝶 浙江天目山 2018-05-23

176. 杨氏洒灰蝶 *Satyrium yangi* (Riley, 1939)

分布 中国浙江、广东、福建、湖南等。

发生 4–6 月

浙江天目山 2018-05-11

杨氏洒灰蝶 浙江天目山 2018-05-13

177. 波氏洒灰蝶 *Satyrium bozanoi* (Sugiyama, 2004)

分布 中国浙江、安徽、湖南。

发生 5-6月

浙江天目山 2018-05-30

波氏洒灰蝶 浙江天目山 2018-05-28

178. 优秀洒灰蝶 *Satyrium eximia* (Fixsen, 1887)

分布 中国浙江、北京、黑龙江、吉林、辽宁、内蒙古、河北、河南、陕西、山西、江苏、福建、四川、云南、台湾等；俄罗斯、朝鲜半岛等。

发生 6-8月

优秀洒灰蝶　浙江天目山　2018-06-03

灰蝶属 *Lycaena* Fabricius, 1807

179. 红灰蝶 *Lycaena phlaeas* (Linnaeus, 1761)

分布 中国浙江、北京、陕西、四川、云南、新疆；世界各地。

发生 4-9月

浙江余姚市四明山　2018-09-15

红灰蝶 浙江天目山 2017-06-07

红灰蝶 浙江天目山 2018-04-15

彩灰蝶属 *Heliophorus* Geyer, [1832]

180. 莎菲彩灰蝶 *Heliophorus saphir* (Blanchard, [1871])

分布 中国浙江、四川、云南、陕西、湖北、湖南、江西等。

发生 3–10 月

浙江天目山　2018-05-29

浙江天目山　2018-05-29

莎菲彩灰蝶　浙江天目山　2018-05-27

莎菲彩灰蝶　浙江天目山　2017-06-07

莎菲彩灰蝶　浙江天目山　2018-04-02

莎菲彩灰蝶　浙江天目山　2018-05-25

莎菲彩灰蝶　浙江天目山　2018-05-29

181. 浓紫彩灰蝶 *Heliophorus ila* (de Nicéville & Martin, [1896])

分布 中国浙江、福建、江西、广东、海南、台湾、广西、四川、陕西、河南等；印度、不丹、缅甸、马来西亚、印度尼西亚等。

发生 5–8 月

注 天目山已监测到本种，但标本破损。

浓紫彩灰蝶　浙江台州市划岩山　2018-08-10

锯灰蝶属 *Orthomiella* Nicéville, 1890

182. 中华锯灰蝶 *Orthomiella sinensis* (Elwes, 1887)

分布 中国浙江、陕西、河南等。

发生 4 月

浙江天目山 2018-04-19

中华锯灰蝶 浙江天目山 2018-04-22

雅灰蝶属 *Jamides* Hübner, [1819]

183. 雅灰蝶 *Jamides bochus* (Stoll, [1782])

分布 中国浙江、广东、福建、广西、海南、云南、湖南、江西、台湾、香港等；泰国、缅甸、印度、老挝等。

发生 9-10月

浙江龙泉市凤阳山　2018-10-02

雅灰蝶　浙江天目山　2018-09-24

亮灰蝶属 *Lampides* Hübner, [1819]

184. 亮灰蝶 *Lampides boeticus* Linnaeus, 1767

分布 中国浙江、陕西、河南、安徽、江苏、福建、台湾、海南、广东、云南、香港等；世界各地。

发生 4–9月

浙江天目山　2018-07-10

亮灰蝶　浙江天目山　2017-07-27

亮灰蝶
浙江台州市中央山　2017-09-16

亮灰蝶
浙江天目山　2018-07-11

吉灰蝶属 *Zizeeria* Chapman, 1910

185. 酢浆灰蝶 *Zizeeria maha* (Kollar, [1844])

分布 中国浙江、江苏、福建、江西、广东、广西、海南、四川、重庆、贵州、云南、西藏、香港、台湾等；日本、朝鲜半岛，西亚、南亚和东南亚广大地区。

发生 4–10 月

浙江天目山 2018-08-10

酢浆灰蝶 浙江天目山 2017-07-26

酢浆灰蝶　浙江天目山　2017-08-16

酢浆灰蝶　浙江台州市中央山　2018-08-16

蓝灰蝶属 *Everes* Hübner, [1819]

186. 蓝灰蝶 *Everes argiades* (Pallas, 1771)

分布 中国浙江及国内大部分其他各省区；欧洲及亚洲东北部的广大地区，东南亚和南亚的北部地区。

发生 4–10 月

浙江天目山　2018-09-05

浙江天目山　2018-05-13

蓝灰蝶　浙江天目山　2018-05-26

蓝灰蝶　浙江天目山　2017-05-20

蓝灰蝶　浙江天目山　2017-05-24

蓝灰蝶　浙江天目山　2018-03-30

蓝灰蝶　浙江天目山　2018-06-02

玄灰蝶属 *Tongeia* Tutt, [1908]

187. 点玄灰蝶 *Tongeia filicaudis* (Pryer, 1877)

分布 中国浙江、河南、山东、四川、陕西、福建、广东、江西、台湾等。

发生 4–10月

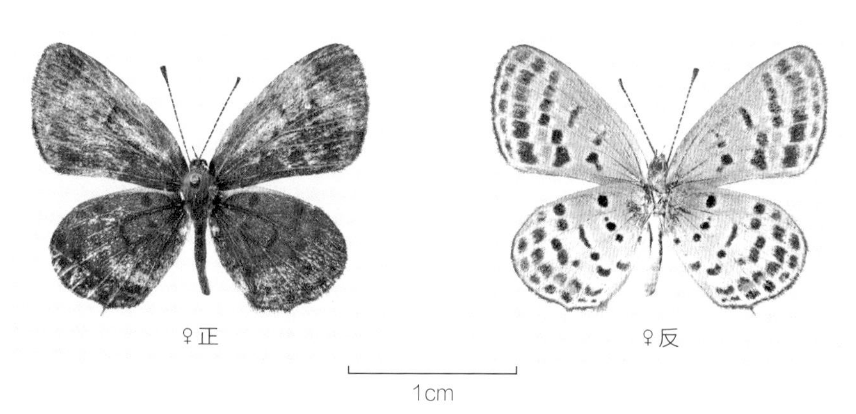

浙江天目山 2018-08-10

点玄灰蝶 浙江天目山 2018-04-14

点玄灰蝶
浙江天目山 2018-05-24

点玄灰蝶
浙江天目山 2018-08-10

188. 波太玄灰蝶 *Tongeia potanini* (Alphéraky, 1889)

分布 河南、陕西、四川、浙江、福建等；印度、缅甸、老挝、越南、泰国、马来西亚等。

发生 5–9 月

浙江天目山　2017-09-14

波太玄灰蝶　浙江天目山　2017-09-14

波太玄灰蝶
浙江天目山　2017-09-15

波太玄灰蝶
浙江天目山　2018-05-12

丸灰蝶属 *Pithecops* Horsfield, [1828]

189. 蓝丸灰蝶 *Pithecops fulgens* Doherty, 1889

分布 中国浙江、安徽、江西、福建、广东、广西、四川、贵州、台湾等；日本、越南、印度、老挝等。

发生 5–9月

浙江天目山　2018-09-05

浙江天目山　2018-05-12

蓝丸灰蝶　浙江天目山　2018-05-12

蓝丸灰蝶　浙江天目山　2017-05-20

蓝丸灰蝶　浙江天目山　2017-05-24

娆灰蝶属 *Udara* Toxopeus, 1928

190. 白斑娆灰蝶 *Udara albocaerulea* (Moore, 1879)

分布 中国浙江、安徽、福建、江西、广西、广东、四川、贵州、云南、西藏、香港、台湾等；日本、印度、尼泊尔、缅甸、老挝、越南、马来西亚等。

发生 5-10月

浙江龙泉市凤阳山　2018-04-25

浙江龙泉市凤阳山　2018-04-25

白斑娆灰蝶　浙江天目山　2018-06-10

191. 妩灰蝶 *Udara dilecta* (Moore, 1879)

分布 中国浙江、安徽、福建、江西、广西、广东、海南、四川、贵州、云南、西藏、香港、台湾等；印度、尼泊尔、缅甸、老挝、泰国、越南、马来西亚、印度尼西亚、新几内亚等。

发生 6–8 月

妩灰蝶　浙江天目山　2018-07-05

妩灰蝶　浙江天目山　2018-08-10

琉璃灰蝶属 *Celastrina* Tutt, 1906

192. 大紫琉璃灰蝶 *Celastrina oreas* (Leech, [1893])

分布 中国浙江、云南、四川、贵州、陕西、西藏、台湾等；印度东北部、缅甸、朝鲜半岛。

发生 4–9 月

注 天目山已监测到本种，但标本翅面破损严重。

大紫琉璃灰蝶　浙江桐庐县凤川　2018-04-27

大紫琉璃灰蝶　浙江桐庐县凤川　2018-04-27

193. 琉璃灰蝶 *Celastrina argiola* (Linnaeus, 1758)

分布 中国浙江及除新疆和海南外的所有省区；古北区、东洋区北缘，包括吕宋岛。

发生 4–9 月

浙江天目山 2018-09-05

浙江天目山 2018-06-10

琉璃灰蝶 浙江天目山 2018-06-10

琉璃灰蝶　浙江天目山　2018-04-10

琉璃灰蝶　浙江天目山　2018-06-10

194. 杉谷琉璃灰蝶 *Celastrina sugitanii* (Matsumura, 1919)

分布 中国浙江、陕西、广东、台湾；朝鲜半岛、日本。

发生 3-4 月

杉谷琉璃灰蝶 浙江天目山 2019-04-06

杉谷琉璃灰蝶 浙江天目山 2019-04-06

弄蝶科

Hesperiidae

弄蝶科

鉴别特征：成虫体型为中型或小型，颜色斑纹较为暗淡，少数具黄色或白色斑纹；触角基部相互接近，并通常有黑色毛块，端部略粗，末端弯钩状而尖。世界记载 4 100 余种，中国记载 370 余种，浙江天目山记载 30 属 49 种。其中，蝴蝶标本照 92 张，生态照 76 张。

分布：世界各地。

主要寄主植物：天南星科 Araceae、蔷薇科 Rosaceae、芸香科 Rutaceae、唇形科 Labiatae、禾本科 Gramineae、豆科 Fabaceae、清风藤科 Sabiaceae 等。

趾弄蝶属 *Hasora* Moore, [1881]

195. 无趾弄蝶 *Hasora anura* de Nicéville, 1889

分布 中国浙江、四川、重庆、云南、贵州、陕西、河南、江西、广西、广东、福建、香港、海南、台湾等；尼泊尔、不丹、印度、缅甸、泰国、老挝、越南等。

发生 6–9 月

浙江天目山　2018-07-08

无趾弄蝶　浙江天目山　2018-04-07

绿弄蝶属 *Choaspes* Moore, [1881]

196. 绿弄蝶 *Choaspes benjaminii* (Guérin-Ménéville, 1843)

分布 中国浙江、云南、陕西、河南、江西、广西、广东、福建、香港、台湾；日本、印度、斯里兰卡、缅甸、泰国、老挝、越南、朝鲜半岛等。

发生 4–9 月

浙江天目山　2018-08-10

绿弄蝶　浙江天目山　2018-04-06

带弄蝶属 *Lobocla* Moore, 1884

197. 双带弄蝶 *Lobocla bifasciata* (Bremer & Grey, 1853)

分布 中国浙江、北京、辽宁、陕西、广东、云南、台湾等；蒙古、俄罗斯等。

发生 5–6 月

浙江天目山　2018-06-11

双带弄蝶　浙江天目山　2018-06-11

双带弄蝶　浙江天目山　2018-06-11

星弄蝶属 *Celaenorrhinus* Hübner, [1819]

198. 斑星弄蝶 *Celaenorrhinus maculosus* C. & R. Felder, [1867]

分布 中国浙江、贵州、四川、重庆、湖北、湖南、江苏、河南、台湾等；老挝。

发生 5–9 月

浙江天目山　2018-06-09

斑星弄蝶　浙江天目山　2017-07-27

199. 同宗星弄蝶 *Celaenorrhinus consanguinea* Leech, 1891

分布 中国浙江、云南、贵州、广西、广东、四川、湖南、湖北等。

发生 5-7 月

♂正　♂反

1cm

浙江天目山　2016-05-25

同宗星弄蝶　浙江丽水市白云山　2017-05-20

同宗星弄蝶　浙江天目山　2018-05-16

窗弄蝶属 *Coladenia* Moore, 1881

200. 花窗弄蝶 *Coladenia hoenei* Evans, 1939

分布 中国浙江、河南、安徽、福建、广东、四川、陕西等；老挝、越南等。

发生 5–6 月

浙江天目山　2016-05-25

花窗弄蝶　浙江天目山　2017-05-13

201. 幽窗弄蝶 *Coladenia sheila* Evans, 1939

分布 中国浙江、河南、安徽、福建、广东、四川、陕西等。

发生 4–6 月

幽窗弄蝶　浙江天目山　2018-05-04

幽窗弄蝶　浙江天目山　2018-05-25

襟弄蝶属 *Pseudocoladenia* Shiôzu & Saigusa, 1962

202. 大襟弄蝶 *Pseudocoladenia dea* (Leech, 1892)

分布 中国浙江、安徽、江西、湖北、四川、甘肃等。

发生 5-9 月

浙江天目山 2018-08-10

大襟弄蝶 浙江天目山 2018-06-02

大襟弄蝶 浙江天目山 2018-08-10

梳翅弄蝶属 *Ctenoptilum* de Nicéville, 1890

203. 梳翅弄蝶 *Ctenoptilum vasava* (Moore, 1865)

分布 中国浙江、河南、江苏、福建、江西、广西、四川、云南、陕西等；印度、缅甸、泰国、老挝、越南等。

发生 4–6 月

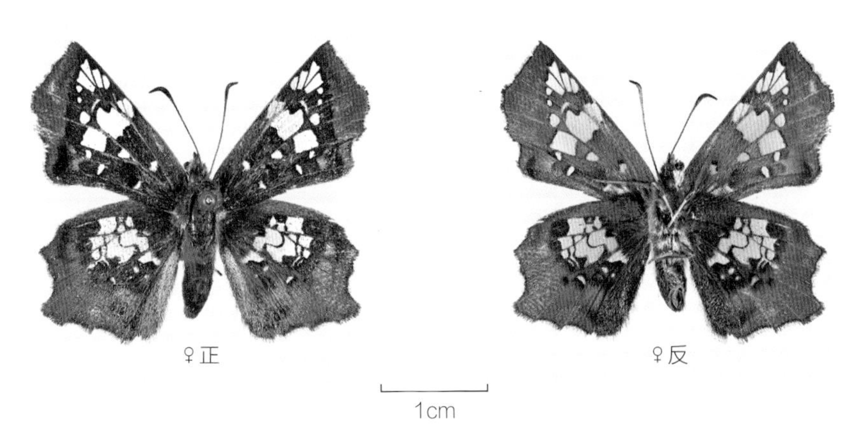

♀正　♀反

1cm

浙江天目山　2018-04-18

梳翅弄蝶　浙江天目山　2018-04-10

梳翅弄蝶
浙江天目山　2018-04-07

梳翅弄蝶
浙江天目山　2018-04-06

黑弄蝶属 *Daimio* Murray, 1875

204. 黑弄蝶 *Daimio tethys* (Ménétriès, 1857)

分布 中国浙江、东北、华北、南方地区；俄罗斯、日本、缅甸、朝鲜半岛等。

发生 4–9 月

浙江天目山　2017-07-27

黑弄蝶　浙江天目山　2018-06-09

黑弄蝶　浙江天目山　2018-06-11

黑弄蝶　浙江天目山　2018-08-10

飒弄蝶属 *Satarupa* Moore, 1865

205. 蛱型飒弄蝶 *Satarupa nymphalis* (Speyer, 1879)

分布 中国浙江、黑龙江、吉林、河南、安徽、福建、四川、陕西、甘肃等；朝鲜半岛、俄罗斯等。

发生 5–8 月

浙江天目山　2018-06-10

蛱型飒弄蝶　浙江天目山　2018-06-01

蛱型飒弄蝶　浙江天目山　2018-06-24

206. 密纹飒弄蝶 *Satarupa monbeigi* Oberthür, 1921

分布 中国浙江、北京、安徽、湖北、湖南、广东、广西、四川、贵州；蒙古等。

发生 5–7 月

浙江天目山 2017-06-26

密纹飒弄蝶 浙江天目山 2017-06-26

白弄蝶属 *Abraximorpha* Elwes & Edwards, 1897

207. 白弄蝶 *Abraximorpha davidii* (Mabille, 1876)

分布 中国浙江、江苏、福建、江西、湖北、广东、广西、四川、贵州、云南、陕西、香港、台湾；缅甸、老挝、越南等。

发生 6-9 月

♂正

♂反

1cm

浙江天目山　2018-07-11

白弄蝶　浙江天目山　2017-06-26

白弄蝶　浙江天目山　2018-06-08

白弄蝶　浙江天目山　2018-08-31

珠弄蝶属 *Erynnis* Schrank, 1801

208. 深山珠弄蝶 *Erynnis montanus* (Bremer, 1861)

分布 中国浙江、北京、吉林、辽宁、陕西、甘肃、青海、四川等；日本、俄罗斯及朝鲜半岛等。

发生 4–5月

浙江天目山 2018-04-09

深山珠弄蝶
浙江天目山 2018-04-19

深山珠弄蝶 浙江天目山 2018-04-10

花弄蝶属 *Pyrgus* Hübner, [1819]

209. 花弄蝶 *Pyrgus maculatus* (Bremer & Grey, 1853)

分布 中国浙江、北京、吉林、辽宁、内蒙古、陕西、云南等；日本、蒙古及朝鲜半岛等。

发生 4–9 月

浙江天目山 2018-06-09

花弄蝶 浙江天目山 2017-08-15

花弄蝶 浙江天目山 2018-04-09

花弄蝶 浙江天目山 2018-06-03

锷弄蝶属 *Aeromachus* de Nicéville, 1890

210. 小锷弄蝶 *Aeromachus nanus* (Leech, 1890)

分布 中国浙江、安徽、福建、江西、湖北、广西、广东、贵州等。

发生 4–9 月

浙江天目山 2018-05-13

小锷弄蝶 浙江余姚市四明山 2018-09-14

211. 河伯锷弄蝶 *Aeromachus inachus* (Ménétriès, 1859)

分布 中国浙江、黑龙江、吉林、辽宁、北京、河北、河南、江苏、福建、江西、湖北、四川、陕西、台湾等；日本、俄罗斯东南部、朝鲜半岛等。

发生 5–9 月

♂正 ♂反

1cm

浙江天目山 2017-08-16

黄斑弄蝶属 *Ampittia* Moore, 1881

212. 钩形黄斑弄蝶 *Ampittia virgata* (Leech, 1890)

分布 中国浙江、河南、安徽、福建、湖北、广东、广西、海南、四川、云南、台湾、香港等。

发生 5–7 月

♀正 ♀反

1cm

浙江天目山 2018-07-24

钩形黄斑弄蝶　浙江天目山　2018-05-03

钩形黄斑弄蝶　浙江龙泉市凤阳山　2018-05-15

讴弄蝶属 *Onryza* Watson, 1893

213. 讴弄蝶 *Onryza maga* (Leech, 1890)

分布 中国浙江、安徽、福建、江西、湖南、广东、广西、贵州、四川、陕西、台湾等。

发生 4-8 月

讴弄蝶　浙江天目山　2018-04-01

讴弄蝶浙江天目山　2018-04-02

讴弄蝶　浙江天目山　2018-04-06

陀弄蝶属 *Thoressa* Swinhoe, [1913]

214. 花裙陀弄蝶 *Thoressa submacula* (Leech, 1890)

分布 中国浙江、甘肃、贵州、广东等。

发生 5-8 月

浙江天目山　2018-05-12

花裙陀弄蝶　浙江天目山　2017-05-18

花裙陀弄蝶　浙江天目山　2018-05-30

215. 黄毛陀弄蝶 *Thoressa kuata* (Evans, 1940)

分布 中国浙江、福建、陕西等。

发生 6月

浙江天目山 2018-06-10

黄毛陀弄蝶 浙江台州市仙居县 2018-06-16

酣弄蝶属 *Halpe* Moore, 1878

216. 峨眉酣弄蝶 *Halpe nephele* Leech, 1893

分布 中国浙江、安徽、福建、江西、广西、四川、重庆、贵州、海南等。

发生 5-8 月

浙江天目山　2017-09-07

浙江天目山　2018-05-12

峨眉酣弄蝶　浙江天目山　2018-08-11

旖弄蝶属 *Isoteinon* C. & R. Felder, 1862

217. 旖弄蝶 *Isoteinon lamprospilus* C. & R. Felder, 1862

分布 中国浙江、安徽、福建、江西、广西、广东、四川、台湾、香港等；日本、越南、朝鲜半岛等。

发生 5-8 月

注 天目山已监测到本种，但未采集到标本。

浙江余姚市四明山　2018-06-03

旖弄蝶　浙江余姚市四明山　2018-08-24

腌翅弄蝶属 *Astictopterus* C. & R. Felder, 1860

218. 腌翅弄蝶 *Astictopterus jama* C. & R. Felder, 1860

分布 中国浙江、福建、江西、广西、广东、海南、云南、香港等；印度、缅甸、泰国、老挝、越南、印度尼西亚、菲律宾等。

发生 5-8 月

浙江天目山 2018-05-28

腌翅弄蝶 浙江天目山 2018-05-29

袖弄蝶属 *Notocrypta* de Nicéville, 1889

219. 曲纹袖弄蝶 *Notocrypta curvifascia* (C. & R. Felder, 1862)

分布 中国浙江、福建、广西、广东、四川、海南、云南、西藏、香港、台湾等；日本、东南亚、南亚等。

发生 5–9 月

浙江天目山　2016-09-23

姜弄蝶属 *Udaspes* Moore, 1881

220. 姜弄蝶 *Udaspes folus* (Cramer, [1775])

分布 中国浙江、江苏、福建、广东、云南、四川、香港、台湾等；日本、印度、缅甸、泰国、老挝、越南、印度尼西亚等。

发生 5–9 月

浙江天目山　2018-07-11

须弄蝶属 *Scobura* Elwes & Edwards, 1897

221. 显脉须弄蝶 *Scobura lyso* (Evans, 1939)

分布 中国浙江、安徽等。

发生 6-8 月

浙江天目山 2017-08-17

显脉须弄蝶 浙江丽水市松阳县 2017-07-07

显脉须弄蝶 浙江天目山 2017-08-16

赭弄蝶属 *Ochlodes* Scudder, 1872

222. 针纹赭弄蝶 *Ochlodes klapperichii* Evans, 1940

分布 中国浙江、福建、广西、甘肃等。

发生 6月

浙江天目山　2017-06-28

223. 小赭弄蝶 *Ochlodes venata* (Bremer & Grey, 1853)

分布 中国浙江、北京、辽宁、吉林、河南、陕西、甘肃、新疆等；蒙古、俄罗斯、日本、朝鲜半岛。

发生 6月

浙江天目山　2018-06-11

224. 宽边赭弄蝶 *Ochlodes ochracea* (Bremer, 1861)

分布 中国浙江、辽宁、吉林、黑龙江、陕西、甘肃等；日本、俄罗斯、朝鲜半岛。

发生 6月

浙江天目山　2016-06-24

225. 透斑赭弄蝶 *Ochlodes linga* Evans, 1939

分布 中国浙江、北京、陕西等。

发生 5-6月

浙江天目山　2018-05-25

透斑赭弄蝶 浙江天目山 2018-05-28

透斑赭弄蝶 浙江天目山 2018-05-30

豹弄蝶属 *Thymelicus* Hübner, [1819]

226. 豹弄蝶 *Thymelicus leoninus* (Butler, 1878)

分布 中国浙江、黑龙江、吉林、辽宁、内蒙古、北京、河北、福建、江西、湖北、四川、甘肃等；日本、俄罗斯东南部、朝鲜半岛等。

发生 5-7 月

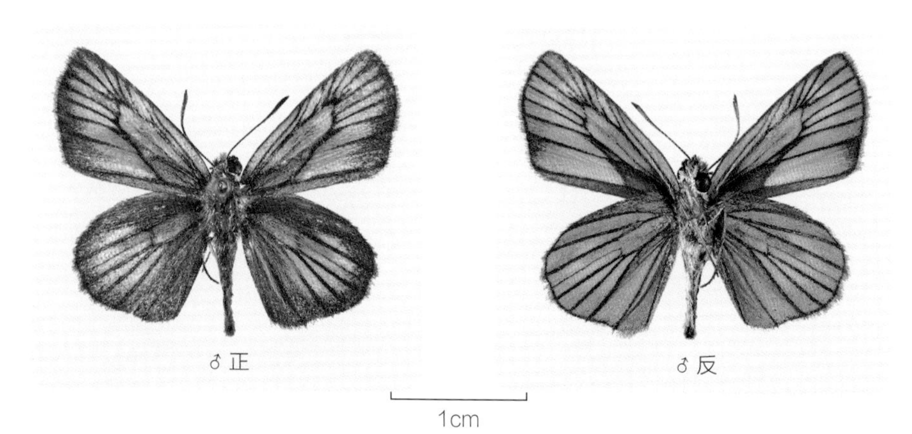

浙江天目山　2018-07-12

豹弄蝶　浙江天目山　2017-07-27

豹弄蝶
浙江天目山　2018-06-09

豹弄蝶
浙江天目山　2018-06-10

227. 黑豹弄蝶 *Thymelicus sylvaticus* (Bremer, 1861)

分布 中国浙江、黑龙江、吉林、辽宁、内蒙古、北京、河北、福建、江西、湖北、四川、甘肃；日本、俄罗斯东南部、朝鲜半岛等。

发生 6–8 月

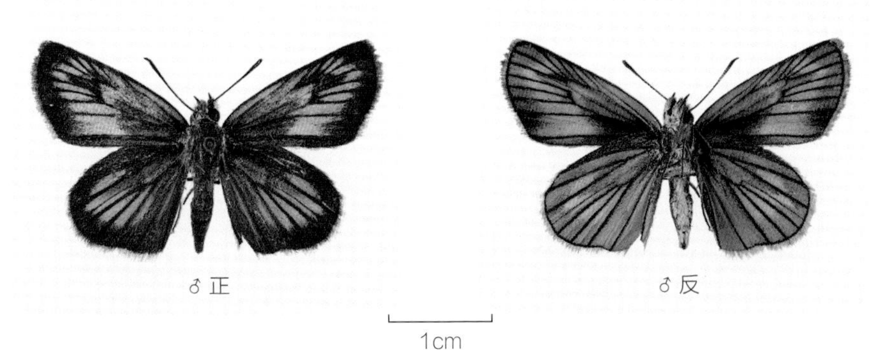

浙江天目山　2017-07-27

黑豹弄蝶
浙江天目山　2018-07-12

黑豹弄蝶
浙江天目山　2018-07-12

黑豹弄蝶　浙江天目山　2018-07-12

黄室弄蝶属 *Potanthus* Scudder, 1872

228. 曲纹黄室弄蝶 *Potanthus flavua* (Murray, 1875)

分布 中国浙江、吉林、辽宁、北京、河北、山东、福建、湖北、湖南、贵州、四川、云南等；俄罗斯、日本、印度、缅甸、朝鲜半岛等。

发生 7–8 月

注 天目山已监测到本种，但标本翅面损坏严重。

浙江舟山市里山　2018-08-22

229. 严氏黄室弄蝶 *Potanthus yani* Huang, 2002

分布 中国浙江、安徽、福建、江西、广西等。

发生 5–9 月

浙江天目山　2018-09-06

严氏黄室弄蝶　浙江天目山　2018-06-03

严氏黄室弄蝶　浙江天目山　2018-09-06

230. 尖翅黄室弄蝶 *Potanthus palnia* (Evans, 1914)

分布 中国浙江、福建、湖北、海南、广西、贵州、四川、云南、西藏等；印度、缅甸、泰国、印度尼西亚等。

发生 5–9 月

浙江天目山　2016-05-25

231. 孔子黄室弄蝶 *Potanthus confucius* (C. & R. Felder, 1862)

分布 中国浙江、安徽、江西、福建、湖北、广东、海南、香港、台湾等；印度、缅甸、泰国、老挝、越南、马来西亚、印度尼西亚等。

发生 5–8 月

浙江余姚市四明山　2018-06-03

孔子黄室弄蝶
浙江天目山　2017-05-20

孔子黄室弄蝶　浙江天目山　2017-05-20

孔子黄室弄蝶　浙江天目山　2017-07-28

稻弄蝶属 *Panara* Moore, 1881

232. 直纹稻弄蝶 *Panara guttata* (Bremer & Grey, 1853)

分布 中国浙江及除新疆等西北干旱地区外的大部分地区；俄罗斯、日本、朝鲜半岛、印度、缅甸、老挝、越南、马来西亚等。

发生 5–10 月

浙江天目山　2019-05-01

直纹稻弄蝶　浙江天目山　2018-04-17

233. 挂墩稻弄蝶 *Parnara batta* Evans, 1949

分布 中国浙江、福建、江西、湖南、广东、广西、四川、贵州、云南、西藏等；越南。

发生 5–10月

注 天目山已监测到本种，但标本翅面损坏严重。

浙江余姚市四明山 2018-08-24

刺胫弄蝶属 *Baoris* Moore, 1881

234. 黎氏刺胫弄蝶 *Baoris leechii* Elwes & Edwards, 1897

分布 中国浙江、安徽、福建、江西、湖南、广东、广西、四川、陕西等。

发生 4–9月

浙江天目山 2018-04-08

黎氏刺胫弄蝶　浙江天目山　2018-04-15

黎氏刺胫弄蝶　浙江天目山　2018-08-11

谷弄蝶属 *Pelopidas* Walker, 1870

235. 中华谷弄蝶 *Pelopidas sinensis* (Mabille, 1877)

分布 中国浙江、北京、辽宁、河南、上海、安徽、福建、湖南、广东、广西、四川、云南、西藏、台湾等；印度、缅甸等。

发生 4–9 月

浙江天目山　2016-08-24

中华谷弄蝶　浙江天目山　2018-04-17

中华谷弄蝶　浙江天目山　2018-04-20

236. 隐纹谷弄蝶 *Pelopidas mathias* (Fabricius, 1798)

分布 中国浙江、北京、山西、辽宁、上海、福建、湖南、广东、广西、四川、贵州、云南、台湾、香港等；日本、俄罗斯远东、朝鲜半岛、南亚、东南亚、西亚、大洋洲、非洲等。

发生 6–9月

浙江天目山　2018-07-11

隐纹谷弄蝶　浙江天目山　2017-06-26

孔弄蝶属 ***Polytremis*** **Mabille, 1904**

237. 盒纹孔弄蝶 *Polytremis theca* (Evans, 1937)

分布 中国浙江、安徽、江西、福建、湖南、广东、广西、贵州、四川、陕西、云南等。

发生 5-10 月

浙江余姚市四明山 2018-09-15

盒纹孔弄蝶 浙江天目山 2016-09-22

盒纹孔弄蝶 浙江天目山 2018-08-10

盒纹孔弄蝶　浙江天目山　2017-09-15

盒纹孔弄蝶　浙江天目山　2018-08-11

238. 黑标孔弄蝶 *Polytremis mencia* (Moore, 1877)

分布 中国浙江、上海、江苏、安徽、江西、福建、湖南等。

发生 5-10 月

♂正 ♂反

1cm

浙江天目山 2018-09-05

239. 天目孔弄蝶 *Polytremis jigongi* Zhu, Chen & Li, 2012

分布 中国浙江。

发生 7 月

♀正 ♀反

1cm

浙江天目山 2018-07-12

天目孔弄蝶　浙江天目山　2018-07-09

天目孔弄蝶　浙江天目山　2018-07-12

240. 透纹孔弄蝶 *Polytremis pellucida* (Murray, 1875)

分布 中国浙江、黑龙江、吉林、河南、江苏、安徽、福建、江西、广东等；俄罗斯、日本、朝鲜半岛。

发生 5-10 月

浙江天目山　2018-07-11

透纹孔弄蝶　浙江天目山　2018-07-10

透纹孔弄蝶
浙江天目山　2018-07-11

透纹孔弄蝶
浙江天目山　2018-08-26

241. 刺纹孔弄蝶 *Polytremis zina* (Evans, 1932)

分布 中国浙江、黑龙江、吉林、辽宁、河南、安徽、福建、江西、四川、广东、广西、陕西、台湾等；俄罗斯。

发生 5–8月

注 天目山已监测到本种，但未采集到标本。

浙江龙泉市凤阳山 2017-07-21

珂弄蝶属 *Caltoris* Swinhoe, 1893

242. 珂弄蝶 *Caltoris cahira* (Moore, 1877)

分布 中国浙江、福建、江西、广东、广西、海南、贵州、四川、云南、香港、台湾等；印度、泰国、越南、缅甸、老挝、马来西亚等。

发生 5–10月

注 天目山已监测到本种，但未采集到标本。

珂弄蝶 浙江台州市划岩山 2018-08-10

243. 斑珂弄蝶 *Caltoris bromus* (Leech, 1894)

分布 中国浙江、福建、广东、广西、海南、四川、云南、香港、台湾等；印度、缅甸、泰国、老挝、越南、马来西亚、印度尼西亚等。

发生 5–10月

注 天目山已监测到本种，但未采集到标本。

斑珂弄蝶　浙江杭州市西溪湿地　2018-09-27

主要参考文献

陈志兵，朱建青，毛巍伟．上海蝴蝶［M］．上海：上海教育出版社，2018.

顾茂彬，陈锡昌，周光益，等．南岭蝶类生态图鉴［M］．广州：广东科技出版社，2018.

童雪松．浙江蝴蝶志［M］．杭州，浙江科学技术出版社，1993.

武春生，徐堉峰．中国蝴蝶图鉴［M］．福州：海峡书局，2017.

吴鸿，潘承文．天目山昆虫［M］．北京：科学出版社，2001.

诸立新，吴孝兵，欧永跃．天目山北坡蝶类资源和区系［J］．安徽师范大学学报（自然科学版），2006，29（3）：266-271.

诸立新，刘子豪，虞磊，等．安徽蝴蝶志［M］．合肥：中国科学技术大学出版社，2017.

周尧．中国蝶类志（上下册）［D］．郑州：河南科学技术出版社．1999.

中名索引

A

B

C

D

E

F

G

H

J

K

L

M

N

O

P

Q

S

T

W

X

Y

Z

学名索引

M

N

O

P

R

S

T

U

V

W

Y

Z